物联网技术丛书

机器对机器（M2M）通信技术与应用

[德]阿克塞尔·格兰仕 奥利弗·荣格 著

翁卫兵 译

国防工业出版社

·北京·

著作权合同登记　图字:军—2011—020 号

图书在版编目(CIP)数据

机器对机器(M2M)通信技术与应用/(德)格兰仕(Glanz,A.),(德)荣格(Jung,O.)著;翁卫兵译.—北京:国防工业出版社,2011.5

(物联网技术丛书)

书名原文:Machine to Machine Kommunikation

ISBN 978-7-118-07387-4

Ⅰ.①机…　Ⅱ.①格…②荣…③翁…　Ⅲ.①通信技术　Ⅳ.①TN91

中国版本图书馆 CIP 数据核字(2011)第 060380 号

Translation from the German language edition:
Machine to Machine Kommunikation edited by Axel Glanz and Oliver Jung
Copyright © 2010 Campus Verlag GmbH
本书简体中文版由 Campus 授权国防工业出版社独家出版发行。版权所有,侵权必究。

※

国防工业出版社出版发行
(北京市海淀区紫竹院南路 23 号　邮政编码 100048)
北京嘉恒彩色印刷有限责任公司
新华书店经售

*

开本 710×1000　1/16　印张 8¼　字数 225 千字
2011 年 5 月第 1 版第 1 次印刷　印数 1—5000 册　定价 29.00 元

(本书如有印装错误,我社负责调换)

国防书店:(010)68428422　发行邮购:(010)68414474
发行传真:(010)68411535　发行业务:(010)68472764

致中国读者序

机器对机器通信(M2M)技术将不断地改变我们的世界。

未来,许多智能机器将可以通过移动终端设备来进行控制。例如,人们可以通过移动电话把汽车“送入”车库,并且在需要的时候把汽车“取”出来。移动电话也可以承担所有生活领域内的中央控制功能,例如,对房屋的全面监控等。当然,这些智能机器之间也可以互相进行通信。

在欧洲,尽管已经开始了很多与之相关的项目研究,但是 M2M 技术的发展还是远远落后于它们的发展潜力。其原因在于缺少系统之间的兼容性和世界范围内的统一标准。一些试验性项目要么存在于一些孤立的行业内,要么存在于孤立的国家内。而只有达到临界质量点之后,M2M 技术的功能才能够充分发挥。孤立的企业、行业或者国家的 M2M 技术产品很难达到临界质量点。在中国,存在着很多对新鲜事物感兴趣的潜在用户,这些用户将很快接受不同的 M2M 技术产品,从而能够建立起一个世界性的兼容网络。所以,对于中国来讲,这将是一个通过庞大人口基数和市场潜力来引导世界范围 M2M 技术相关标准的最好机会。

在 20 世纪 80 年代已经出现了“网络效应”理论,1991 年《标准经济学》(Ökonomie von Standards)”一书也正式出版。现在是将这些理论基础和技术应用结合在一起的最佳时机,而中国恰恰为此提供了最好的前提条件。

阿克塞尔·格兰仕(Axel Glanz)博士

2011 年 3 月 26 日

译者序

自从物联网(Internet of Things)的概念首次出现后,世界范围内很多行业都意识到了其重要性和美好的发展前景。机器对机器通信技术(M2M)作为实现物联网的基础,世界各地很多的企业和研究机构都对其展开了相应的基础技术和应用研究,并进行了各种应用性试验。一些应用研究成果已经逐渐被人们所熟知并出现在我们日常生活中,例如,智能家居、移动支付等。

译者自2005年以来一直在德国弗劳恩霍夫物流研究院从事物流领域相关的研究和应用等工作。德国弗劳恩霍夫物流研究院隶属于欧洲最大的应用研究型机构——德国弗劳恩霍夫协会,是世界顶级的,也是德国最早在物流领域内开展物联网应用研究的机构。目前已经研发出很多领先的相关技术并且逐渐在各种行业中开展了实际应用。所以译者很早就接触到了物联网。近几年来,译者阅读了大量的物联网和M2M相关专业文献,并且一直关注世界范围内M2M物流领域内的研究动态,同时参与了一些基础研究和成果应用项目。

在此过程中译者发现了一些现象:首先,由于从事物联网研究人员来自于不同的行业和具有不同的专业背景,所以目前来讲,对于物联网这个概念还没有形成能够得到所有人员认同的定义(比较有代表性的定义有"物联网是指通过射频识别(RFID)、红外感应器、全球定位系统、激光扫描器等信息传感设备,按约定的协议,把任何物品与互联网连接起来,进行信息交换和通信,以实现智能化识别、定位、跟踪、监控和管理的一种网络"和"物联网是指通过M2M技术使得机器或者物体能够像互联网中的IP数据包一样,具有自主逻辑判断功能或者自动寻址功能"等)。对于实现物联网需要的相关设备和技术来讲,已经基本上达成了共识,即M2M技术将是实现各种物联网应用的基础。尽管M2M应用在一些前沿试验中的结果令人振奋,但是在推向市场后,其中很大一部分现在已经销声匿迹。究其原因,一方面是因为技术的复杂性经常被低估,另一方面是因为一些市场参与者有时忽略了经济性。市场上出现了很多关于M2M技术的专业文献,这些文献更加专注于技术细节,而一些对技术发展具有决定性的经济性问题却没有得到关注。M2M在每个应用领域中的市场机制和标准化机制是不同的,所以每个企业必须根据实际情况来确定自己的战略。

其次,M2M在众多的领域内都有很多的应用研究项目,例如,建筑、能源、交通、金融、贸易、物流等。对于研究人员来讲,类似技术在其他领域内的成功应用可以起到触类旁通的效果。

2010 年 3 月，本书在德国出版之前，全球市场上既没有能够全面系统地介绍世界范围内的 M2M 研究、应用现状和未来发展预测的专业文献，也没有详细阐述 M2M 在不同应用领域的市场机制和标准化机制的相关系统性文献。这本书的出现使得上述问题迎刃而解。本书首先介绍了 M2M 技术相关的基本概念；其次考虑到 M2M 的市场是一个全新的市场，重点分析了在 M2M 市场上取得成功所需要注意的商业模式；随后全面系统地介绍了全球范围内 M2M 技术在建筑、能源、交通、金融、贸易和物流等不同领域内的最新应用现状和发展前景。世界规模最大的经济管理类书摘文库——getAbstract（盖得管理书摘）认为："这本书值得向所有想从不断增加的机器网络化过程中受益的企业和管理者推荐"。目前，物联网在中国的发展具有后来居上的趋势，无论是政府、研究机构和相关企业都投入了极大的热情和努力。政府部门可以通过这本书了解到如何制定相关政策来推动物联网行业的发展，企业可以通过这本书了解到如何采用合适的商业模式以便在市场上取得成功，研究机构可以通过这本书全面了解到当前世界范围内相关的最新应用现状和发展前景。我希望，这本书的中文版将对物联网在中国的发展起到一定的推动作用。

在本书的翻译过程中，得到了原书作者德国创新研究院（Innovationen Institut）的创始人阿克塞尔·格兰仕（Axel Glanz）博士、德国弗劳恩霍夫物流研究院（Fraunhofer IML）高级访问学者、浙江科技学院机械与汽车工程学院院长张云（博士、教授级高级工程师、博士生导师）、北京科技大学物流工程系主任李苏剑（博士、教授、博士生导师）、德国弗劳恩霍夫物流研究院（Fraunhofer IML）院长阿克瑟·库恩（Axel Kuhn）（博士、教授）、德国弗劳恩霍夫物流研究院（Fraunhofer IML）国际部主任约克·艾格里（Jörg Egli）博士、德国杜伊斯堡－艾森大学（Universität Duisburg－Essen）运输系统和物流系（Transportsystem und logistik）主任贝恩德·诺谢（Bernd Noche）（博士、教授）、德国多特蒙德工业大学（TU Dortmund）博士研究生杨广君、德国 SysPlan 公司总经理乌尔·莫旭克（Uwe Moszyk）、德国坎普斯出版社（Compus Verlag）编辑宫·黑尔米希（Gun Hellmich）等给予的帮助，在此一并真诚感谢。同时借此衷心感谢德国弗劳恩霍夫物流研究院（Fraunhofer IML）资深研究员及中国区首席代表、同济大学中德学院永恒力基金教席教授房殿军博士在译者于德国工作学习期间给予的大力的、无私的帮助和指导。最后非常感谢国防工业出版社和尤力编辑在本书的出版过程中提供的大力支持。

最后，由于译者水平有限、时间仓促，在翻译过程中难免出现差错，还请读者不吝赐教。

译　者
2011 年 3 月 24 日于德国多特蒙德

前言

现代通信工具的发展使得我们生活的社会飞速前进，也因此使我们越来越紧密地联系在一起。人们一直以来相互依赖，电信作为当今最重要的联系方式之一，缩短了人们之间的距离，使世界更加紧密地聚集在一起。

然而上述目标的实现还可以通过其他不同的方式，并且这些方式不仅仅是一直以人与人之间的交流为前提。经济和社会全球化的进一步加强所引起的复杂性让我们有所依赖，即在未来机器之间也可以实现相互交流。这种交流方式，即所谓的“机器对机器”(Machine to Machine，M2M)通信技术将是保障生活必需品的供应与资源补充的重要因素。

我的预言是，在不远的将来，将会有越来越多的机器与人类一样，可以相互之间自动交流。这种预言可能会引起反对或者批评，甚至招致警告的声音。但是我还是非常确信，这样一个全新的交流方式将是我们走向一个更有效的工业和经济以及一个更成功的健康社会的必要条件。我们的目标在于使社会中的每一个个体都能够从这种翻天覆地的变革中受益。对于提高我们的生活质量和简化我们的日常生活来讲，降低其复杂性是非常重要的一步。

只有在不同市场领域内的跨行业的相关企业意识到这个机会，并且积极地使用这个机会，完成必要的前提条件以及确定合适的框架条件，我们才能够实现这种目标和优势。这些任务包括发展有效的商业模式、使合作伙伴和用户信服以及发展和确立跨行业、跨公司的技术标准。这些解决方案的一些经济基础和技术基础已经长期存在于我们的身边，例如，已经扩建好的移动通信网络等。

所以一点也不奇怪的是，一些初步的 M2M 通信技术应用已经不仅仅出现在工业领域内，在我们的日常生活中也可以发现类似的应用。此时，其他的一些市场参与者也正在伺机而动。我确信，在未来的几年内，这项技术的应用领域将会快速拓展。让我们利用好从这次发展中产生的机会吧。

简·格尔德马赫(Jan Geldmacher)

德国沃达丰企业客户关系部　总经理

2009 年 12 月于杜塞尔多夫

目录

概述

全球范围内,市场的游戏规则正在发生变化。现代通信媒体和技术的推动使得整个世界成为一个巨大的网络,但是到目前为止,这个网络还只是存在于人与人之间。目前互联网是新兴市场的发展焦点,但是相对于70亿左右的居住人口来讲,在这个星球上同时还存在着大概500亿台机器群体。可以设想,在这么大的一个领域内存在着多么大的网络化发展潜力。未来,这两个群体之间的比例将不断扩大,据预测,到2020年人口数量和机器数量的比例将增加到1:30。

目前正在快速发展的物联网的最终目标就是能够把所有的机器相互连成一个巨大的网络,这将是一个非常宏伟的目标。如果所有机器能够连成一个网络并且能够互相进行自主通信的话,将会出现一个全新的市场,同时这将带来一个巨大的经济机会,并且将促使很多其他相关行业一同更加快速发展。

机器对机器技术不仅是实现机器网络的通信手段和工具,也是物联网的基础。

然而,过去若干年的实践已经逐渐改变了人们对这种美好前景的预期。在20世纪已经有很多行业意识到了M2M的发展潜力并且已经逐步开始在实际应用中使用它。尽管M2M应用在一些前沿试验中的试验结果令人振奋,但是在推向市场后,其中很大一部分现在已经销声匿迹。究其原因,一方面是因为技术的复杂性经常被低估,另一方面是因为一些市场参与者有些时候忽略了经济性。同时,目前市场上很多关于M2M技术的专业文献都更加专注于技术细节,而一些对技术发展具有决定性的经济性问题却没有得到关注,例如,M2M在跨行业网络技术中应用所涉及到的经济型问题。

目前,一些市场机制已经发生变化。网络效应的基础在于不同技术领域之间或者不同行业之间的兼容性,为此通过合作交流来实现标准化是当今的需求。如果有人还不知道这种机制的话,则其向市场上推出的产品就不会达到临界质量点。如何跨越早期试用和大规模市场化之间的鸿沟是目前很多企业在M2M应用领域面临的挑战。目前已经有大约12%的企业使用M2M来优化他们的工作和生产流程以及开发新的市场,接下来如果能够通过标准化实现不同应用领域内的系统兼容性的话,那么其余88%的企业也将有可能试用这项技术。由此产生的应用将带来商业领域和个人日常生活的变革。

M2M在每个应用领域中的市场机制和标准化机制是不同的,所以每个企业必须根据实际情况来确定自己的战略。不存在相同的成功途径，所以在任何情况下都不应该忽视上面的原则。

为了实现 M2M 在住宅管理和能源管理应用领域中的网络效应，基于智能家居、智能电网和智能电表所产生的附加服务同样也要达到临界质量点。M2M 对于实现横向一体化和纵向一体化都有帮助。从能源市场到最终消费者的供应链将通过智能电表和智能电网的配合实现自动化和个性化。能源服务商灵活的、低成本的附加服务以及动态能源价格将对顾客的吸引力具有决定性的作用。住宅管理将被横向集成到这个应用领域里。智能家居的应用将会扩展智能电网和智能电表应用领域的附加服务范围，一方面电力供应链将被扩展，另一方面居家系统的智能控制必须要集成到基于 M2M 的能源系统中去。

通过大型能源集团和移动通信集团的合作所确立的与 M2M 有关的一些重要技术标准，将是其他市场参与者在研发他们的解决方案时的技术基准。同样在智能家居领域，也必须确定相应的行业标准，才能够使智能家居在不同系统之间的相互兼容成为可能，同时也才能保证智能电网和智能电表之间的兼容性。

在交通控制和 Car2X（Kommunikation zwischen dem Auto und anderen Fahrzeugen oder Maschinen，汽车和其他交通工具或机器之间的通信）应用领域，国家相关政府部门应该通过发布标准来制定相应的游戏规则，以保证不同系统在不同国家之间的兼容性。市场参与者之间的信息沟通不完全和战略分歧，会导致过度投资，也就是所谓的企业"过度惰性"。

如果未来 M2M 解决方案能够用于管理交通工具的话，那将是一个非常重大的贡献。鉴于未来对灵活性的需求不断增加和交通流量的快速增长，这也是很有必要的。一旦交通工具不仅可以与基础设施也可以相互之间进行通信的话，将可以明显提高交通安全，改善环境保护，提高国家经济效率，同时也可以使舒适度达到最优。

在此背景下，必须沿着整个价值链来构造伙伴关系，通过所有参与企业的各自核心竞争力来保证服务。在短期内基于他们的现有功能和有吸引力的价格来满足客户的现有需求，从长期角度来看，他们将继续完成客户的接受度。由此有必要建立新的商业模式。

M2M 在移动支付和金融服务方面的应用将通过不同行业之间的横向集成来实现。未来，诸如网上银行、购票、信用卡支付、自动售货以及其他的服务均将会与移动终端设备融合在一起。所涉及行业之间的差异性导致了这项工作的复杂性，由此未来必须基于标准化来开展企业之间的合作。目前交通业、贸易业、餐饮业、休闲娱乐业、加油站等在技术基础上具有很少甚至根本没有结合点，然而在未来，所有这些行业都可以通过一个终端设备或者其他类似的系统进行结算。这中间的标准化过程必须通过移动服务提供商、移动设备制造商及银行的共同合作来完成。

移动设备制造商在移动支付中明显起到关键作用。未来在移动终端中必须集成各种各样的通信技术，以保证其通过 M2M 与其他不同行业之间的通信。在纵向集成中也存在合作成本，以保证一定终端设备成为 M2M 世界中的焦点。建立起移动支付后，这种移动终端设备将基于它们在日常生活中的强大延伸性和重要性对其他 M2M 应用领域具有吸引力。

和移动支付完全相反，M2M 在运输、贸易和物流领域内的应用主要通过不同企业之间的纵向集成来实现。M2M 解决方案将构成下面两个方面的连接中心点：流程优化和流程扩展。首先通过无线射频识别（Radio Frequency Identification，RFID）芯片实现所有流程的自动化。从生产到销售再到最终消费者过程中，所有的产品将在任何时间和任何地点都可以根据其位置信息及其他相关的特定属性进行分析，例如，可以无缝地记录冷链物流的操作全过程，自动记录危险操作，更好地组织仓库管理等，这样可以降低成本和提高透明度。尽管如此，这类系统的投资费用对于一些企业来讲还是偏高，并且很多企业还没有意识到提高流程的透明度给他们带来的好处。

借助于 M2M 也可以为顾客扩展过程链。通过 M2M 在移动电话中的应用不仅可以扩展零售业中的服务范围，同时还可以增加顾客的舒适度。

这里的标准化的实现将由大型零售集团在实现他们流程优化的过程中完成，这也适用于顾客过程链的扩展中。然而这里还需要移动终端设备制造商参与进来，以保证通信技术之间的兼容性。在这里使用无线射频识别和近距离无线通信（Near Field Communication，NFC）将是一条正确的道路。

移动终端设备在电动汽车和交通工具远程控制的应用领域里面将发挥一个特别的作用。无线数据的传输可以通过不同的通信技术实现，例如，通过近距离无线通信实现近距离传输和通过全球卫星定位系统（Global Positioning System，GPS）实现远距离传输。M2M 解决方案将对移动终端设备提出更多的需求。然而人们对于 M2M 的应用目前还是把希望寄于未来出现的广阔市场，而不是通过实施新的商业模式来尽量挖掘目前的发展潜力。

把 M2M 技术和移动终端设备作为控制中心，通过“汽车共享”等概念的实施可以很快地开始推动电动汽车的初步应用，这样就可以获得重要的实践经验以及向未来的潜在顾客展示电动汽车的实用性。只要移动电话可以动态获取“汽车共享”平台上的相关数据以及可以通过远程控制方式读取交通工具的基本信息，那么人们的旅途从起点到终点的全过程都可以被有效地组织和管理起来。这样不仅仅是燃料汽车，而且各种电动汽车、公共交通工具甚至自行车都可以被有效地融合在一起，以便在任何道路上都有经济的、保护生态的合理交通工具可以使用。为了达到这个目标，即使相关的技术基础条件已经存在，人们也必须改变目前的思维习惯，去走一条不同的、新的商业模式道路。

第 1 章
M2M 市场导论

互联经济中的一天

罗伯特·弗图尔和琳达·弗图尔夫妇的房子坐落在某个大城市的一个典型郊区。一个夏日的凌晨,小鸟已经在外面尽情地欢叫。虽然房屋外面还比较昏暗,但是温度已经达到了 18℃。

这个城市中已经逐渐繁忙的交通将它们的灯光照射在窗户上。房屋的自动门已经打开,可以听到远处第一班有轨电车的声音。弗图尔家的房子里还是一切都显得非常安静。如果提高注意力的话,还是可以感觉到房屋里有一些动静。地下室里的"虚拟家庭生活助理"已经开始工作了。卫生间里面的暖气设备已经根据室外的温度情况适当提高了一些温度。有所不同的是,孩子们的卫生间里的温度要适当高一些——当然这个要求已经在前一天晚上就说好了。中央控制器在获得这个信息之后,立刻通过无线电波向地下室里的"虚拟家庭生活助理"转达了这一信息。

远处传来了警报声,说明附近的街上又发生了一起交通事故,交通事故的发生使得附近的道路交通变得逐渐拥堵起来。通过遥控器,闹钟已经知道今天的日程将要受到这个交通堵塞的影响,需要相应地将今天的闹铃时间适当提前。同一时间内电冰箱和烤箱也接到通知,它们的工作也需要相应地适当提前。在罗伯特·弗图尔和琳达·弗图尔起床的时候,已经能够闻到从厨房飘出的诱人的味道。

这个时候,电冰箱给他们带来了一个惊喜,在它的信息屏上显示了房子边上的大信箱的情况。在昨天夜里,新鲜的橙子已经及时送到,这个信息被自动地送到了厨房。弗图尔一家喜欢在早餐的时候喝新鲜的现榨橙汁,所以厨房里的榨汁机已经开始工作了。

用完早餐后,弗图尔先生钻入了他的电动汽车(E-Car)。汽车的锂空气电池已经完全充好电了。锂空气电池比老式的、昂贵且笨重的锂电子电池性能更好。昨天夜里的电价还是一如既往地便宜,根据家庭电脑已经设定好的条件,"虚拟家庭生活助理"在电网负载较小且电价最低的时候开始对电动汽车蓄电池充电。因为早已经使用了移动通信技术进行购电,所以弗图尔先生随时可以平衡和调整自己的用电方式,例如,在白天主要使用自己的太阳能电力,在夜间则从公共电力网络购电。

弗图尔先生在去他办公室的路上不需要再担忧孩子们上学过程中的问题。孩子们不需要随身携带零花钱,乘坐公交的时候不需要再单独买票或者出示月票,公交可以自动识别他们所带的手机并进行车费结算。即使在学校里面,很多事情都可以通过自动方式来完成。手机里的一个芯片可以用于很多事情,例如,学校大门入口的身份识别,课间休息时候购买面包以及成绩单的发放等。

弗图尔夫人也非常受益于“虚拟家庭生活助理”出色的组织能力。电冰箱已经根据营养学中对于日常膳食结构的合理安排以及电冰箱中的已有食品情况,自动地给她手机上发送了一个建议购买清单。如果她决定按照这个建议清单进行购买的话,只需要做简单地操作,附近的超市也将会提前接收到这份购买清单,以通知到所有涉及到的供应环节来保证这份清单上的所有商品不会缺货。

在购买其他物品的过程中,弗图尔夫人也可以得到她手机的帮助。她的手机上显示了购物中心里的所有特价信息。在购物的过程中,将会考虑到家庭经济预算,以保证到月底时家庭的经济状况不会出现赤字。在电子结算的时候,手机会对比较昂贵的商品进行警示,并且提供其他备选方案。当然了,如果弗图尔夫人还是执意要购买的话也是没有问题的,同样可以使用手机来进行支付。

在去办公室的路上,弗图尔先生可以集中全部精力和热情来考虑今天需要完成的工作内容。他的汽车可以自己规划行驶路线。通过遥感技术可以知道所有最新的施工点、交通事故以及市内的交通流量信息。通过无线通信,他的汽车可以实时与交通控制中心进行联系。在快到办公室的时候,弗图尔先生已经收到了电动汽车停车位的相关信息,简单按一下按钮将可以预约这个车位。移动电话可以自动计算出他还需要多长时间能够到达办公室,其中包括了从停车位到办公室的步行时间,从而可以提前通知公司的其他人员,他到达办公室的准确时间。

一天的工作开始了。当然一切都已准备就绪。日程已经自动安排好,以使所有的约会时间能够得到保证。由于之前已经确定好今天需要到另外一个城市进行商务旅行,所以不但飞机票已经订好,手机也已经自动下载了在飞机场登机时需要的条码,同时,下飞机之后的出租车也已经自动提前预订好,并且宾馆的房间信息也都已经知道了。在此过程中,一些突发情况也考虑在内,例如,如果飞机晚点的话,那么后面的所有安排将会被自动调整。

同时,回程日期和回到家里的时间都将通过这种方式进行计算并进行相应的准备。莫扎特的经典作品“魔笛”已经在手机的建议清单上了,以作为回程时候的背景音乐,并且他从萨尔茨堡公务旅行的回程都已经自动地做出了合理安排。

M2M 世界中的市场

通过 M2M 技术的应用，前面描述的美好的新世界将成为现实。在这里，M2M 不是一个商业炒作的关键词，它是一个从我们长期以来熟悉的不同应用领域里面延伸出来的技术和应用，如交通远程通信、智能电表和移动支付等。

然而很多人可能对 M2M 这个概念知之甚少或者不能够完全想象，其原因是多方面的，但主要原因是这个概念看起来并没有足够的吸引力，因为这个概念看起来太技术化和抽象化了。这导致了 M2M 在很多实际应用中有所缺失，由此表明，M2M 技术的应用还具有很大的潜力，在未来将会给很多方面带来革命性的改变，M2M 的应用行业如图 1－1 所示。

本书将主要介绍一些在日常生活中可能实现的 M2M 应用及与之相关的基本概念：M2M 究竟是什么？它如何起作用？利用 M2M 我们可以实现哪些应用？市场参与者在市场中如何进行定位？

原则上来讲，M2M 是 Machine to Machine（机器对机器）的缩写，也就是机器之间自动的数据交换。在这里，机器是一个宽泛的概念，既包括传统意义上的机器，如发动机、自动售货机等，也包括了虚拟意义上的机器，如软件等。M2M 技术作为信息通信技术和物流之间的纽带，要在这两个概念之间区分的话是越来越困难的，因此在机器中将包含越来越多的信息技术（IT）接入。

对于了解并且使用监控与数据采集系统（Supervisory Control And Data Acquisition，SCADA）的人来讲，M2M 将是这些领域进行进一步功能扩展的好工具。由此需要工业界计划、建立和开放通信协议及传输标准，如 TCP/IP。

基于通用通信网络实现的机器与机器之间的“交流”引出了一个所谓“物联网”的概念，其设想是在未来机器与机器之间能够通过通信媒介，像人与人之间一样进行交流，并且这种交流是自主的、具有一定智能的。

当然所有的这些都在追求同一个目标。这个目标就是物品不仅仅只是携带一个识别码，而更重要的是这个物品能够和其所处的外界环境进行交流，从而为人们日常生活和经济中的各个环节提供帮助。当人类设置好条件之后，剩下的将由机器来自动完成了。现如今我们在超市看到的商品上的条形码只包含了一个信息，为了知道该商品的价格，人们必须手持扫描器来扫描条码。在未来，价格信息将可以通过远程或者在不可见的情况下直接从无线射频识别芯片中读取出来。在无线射频识别芯片中同时还包含了很多其他有用的信息。

在解释完“是什么”的问题之后，自然而然就是要解释“如何”的问题了。即 M2M 应用究竟是什么样的？

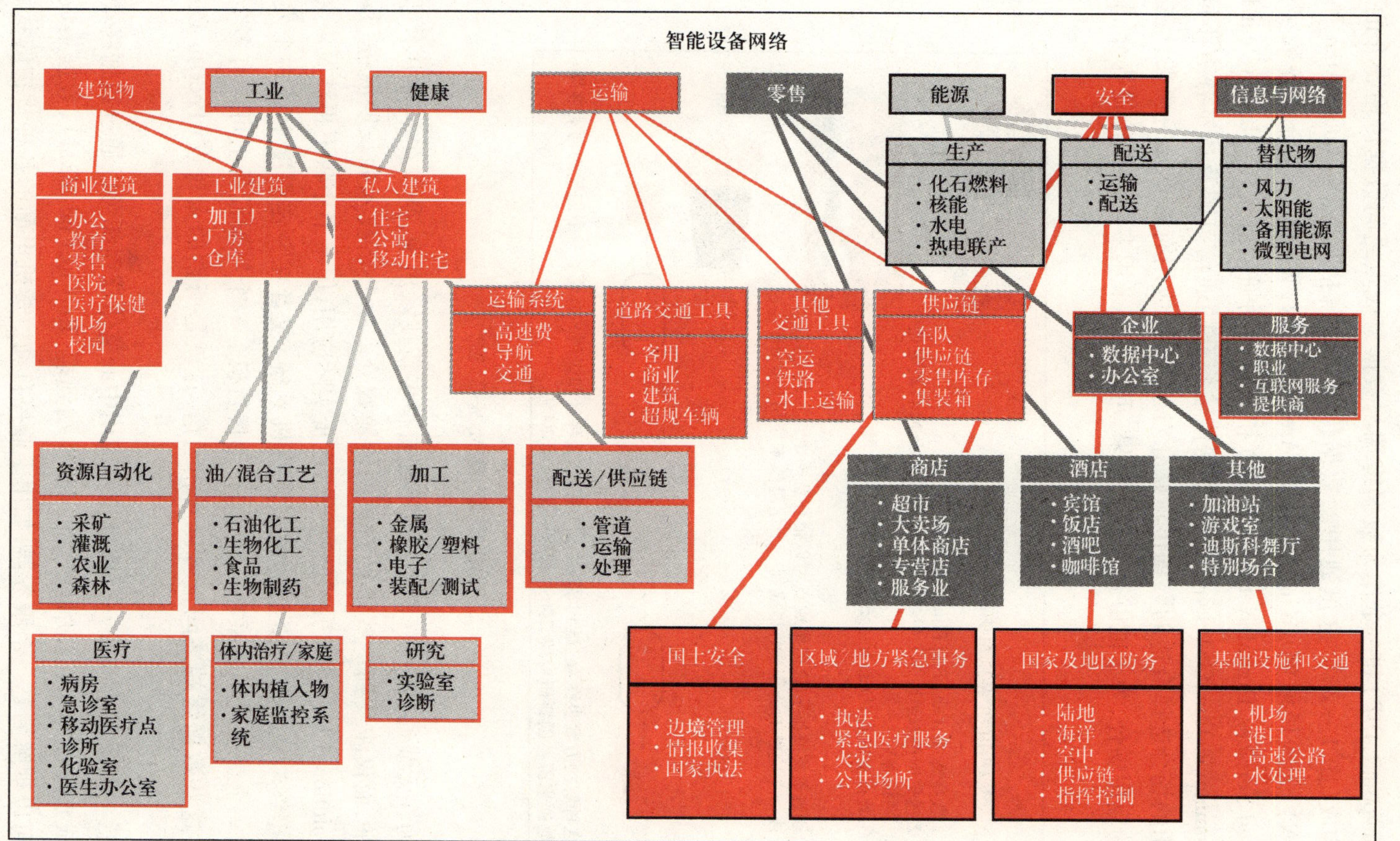

图1-1 M2M的应用行业

M2M 的基础由一个数据终端（Datenendpunkt，DEP）、一个数据集成点（Datenintegrationspunkt，DIP）和一个作为数据终端与数据集成点之间数据传输媒介的通信网络构成（图 1－2）。这里通用的数据传输媒介包括局域网（Local Area Network，LAN）、无线局域网（Wireless Local Area Network，WLAN）、综合业务数字网（Integrated Services Digital Network，ISDN）和全球移动通信系统（Global System for Mobile communication，GSM）等。这些数据传输媒介的通信范围及成本各有不同。根据应用的场合选择合适的数据传输媒介对于 M2M 应用有着重要的意义。在一个特定的应用场合，为了能够达到最优效果，可能需要采用多种数据传输媒介混合的方式。

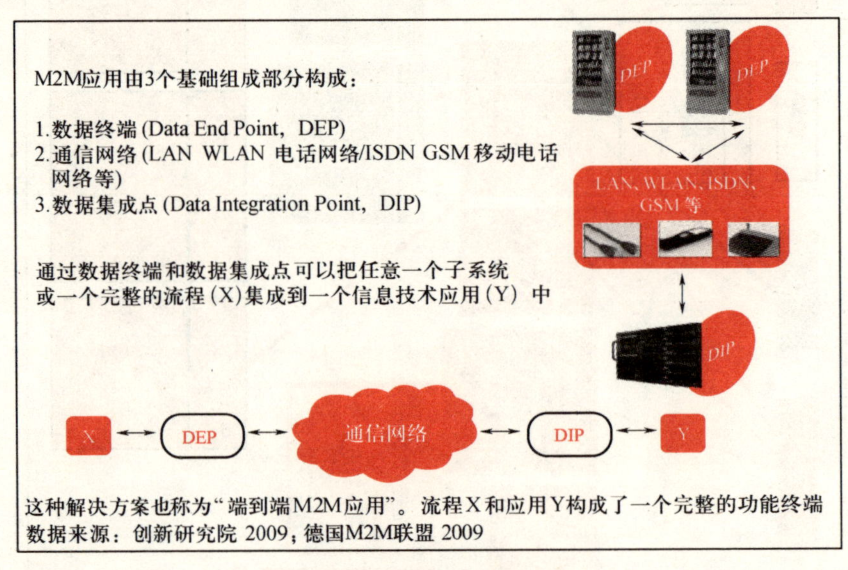

图 1－2　M2M 基础概念

因为在无线通信方面（图 1－3）不断有很多新技术出现，所以在本书中不可能一一列举，而仅涉及到一些常见的数据传输媒介。一些新技术如长期演进（Long Term Evolution，LTE）技术虽然已经开始逐步实际应用，但本书中将不再涉及。

数据终端是一个紧凑型的微型计算机系统，或者在一定程度上是一个发送器，它和一个终端设备联系在一起，如自动售货机。一个终端设备上可以有多个数据终端，这些数据终端之间也可以互相通信，这就是所谓的点对点（Peer to Peer，P2P）。

任意一个子系统或者一个信息技术应用中的整体流程都可以通过数据终端与数据集成点集成起来，这就是所谓的 M2M 端到端（End to End M2M），数据集成点的作用可以理解为是一个服务器，如用于监控自动售货机里面的各种货物的状态。一般来讲，一个终端设备只存在一个数据集成点。当然，在一些特殊场合中使用多

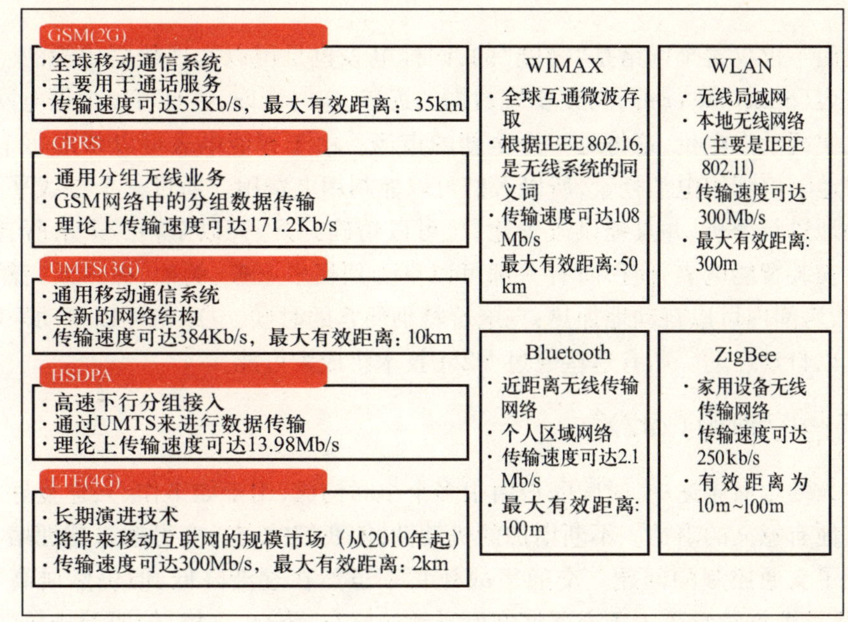

图 1-3　无线数据传输

个数据集成点也是可行的。

类似于上面的解决方案主要由下面 4 个组成部分构成：

（1）硬件部分（调制解调器、工业计算机、服务器）；

（2）移动通信或者固定电话网络服务；

（3）系统集成和咨询服务；

（4）应用（如应用服务、“点对点”应用等）。

还存在着一个最重要的问题，即如何利用这个技术。对于这个问题的答案首先是这项技术的应用领域非常广泛。

如同在本章开始对于未来场景的描述中一样，M2M 技术以及由此产生的应用将会影响到我们日常生活的很多方面。为此下面将对这些非常重要的应用领域进行概述。

建筑管理和能源管理

一些家庭已经在他们的屋顶上安装了光电设备，并且计划未来在地下室里面建立一个小型的地热发电设备。为了实现一个灵活的能源网络目标，这些众多的非集中式能源生产设备和作为能源储存设备的电动汽车在未来应该与现有的供电网络动态地联系在一起。通过这样的方法，一方面可以平衡供电高峰，另一方面在电力不足的时候，如风力发电和其他一些新兴的能源能够补充进来以保持电力供应的平衡。为控制所有的环节需要一个智能的网络，即所谓的智能电网（Smart

Grid）。

然而不仅仅这个网络是“智能”的，同样电表也是可以实现数据传输的。通过智能电表（Smart Metering）可以实现数据的远程、实时读取，并且可以根据电网的负载状况实现动态电价，这将是一个全新的市场。由于智能电表可以帮助每个消费者实时地了解到用电消耗量，所以人们可以控制用电费用。通过一个在线平台，可以自动地进行分析，并且提供改善建议，可以精确到月、天以至秒。未来所有的家庭将会安装智能电表，使得所有人都可以享受到很多服务，例如，在冬天突然变冷的时候，房间内可以自动地加热；在电价特别便宜的时候，电冰箱可以自动采购，洗衣机可以自动启动。所有这些通过 M2M 技术将成为可能。

交通控制和 Car2X

在人的生命旅途中，时间账户由很多个小时构成，用于如工作、兴趣爱好、家庭以及其他有意义的事情。不断增加的机动性，使我们的交通变得越来越拥堵，并相应出现了交通控制的问题。交通事故死亡率虽然在逐渐降低，但仍然居高不下。另外，环境要继续承受由于交通堵塞所导致的汽车、公交、飞机、轮船等排放的废气污染。

在这里，M2M 技术可以完成一些补救措施：在发生事故的时候，自动紧急救助电话呼叫系统（eCall）可以自动地呼叫救护人员；在超车过程中，汽车可以通过和周围其他汽车之间的实时数据通信来自动更新它们导航设备当中的拥堵路段和突发警告数据；汽车在分析它们周围的交通状况后，可以自主确定是否需要刹车、加速和超车；在火车上人们能够得到他们目的地的实时发车信息；通过地理栅格（Geofencing）技术，城市中心的尾气会越来越少，因为通过卫星监控，只有电动汽车才可以驶入环保区域，而汽油车或柴油车必须停留在环保区域之外。

在交通工具之间以及和城市基础设施可以进行实时通信之后，交通方式将会发生很大变革，从而可以提高交通的安全性和舒适性。在进一步融合汽车和移动终端之后，未来人们还可以在旅途中通过互联网获得娱乐资讯信息。

金融服务和移动支付

当今很多发达国家中人们所用的信用卡，未来将被移动终端设备替代。通过移动电话的非现金交易方式，将随着金融业务的发展，在任何地方、任何地点都成为可能，无论是在电影院的售票处、溜冰场、乘坐的公交汽车或者购物中心。在某种程度上，当人们离开结账柜台的时候，消费账单甚至可以自动生成。在一些发展中国家，经常由于没有相应的城市基础设施而无法实现在我们看来很普通的信用卡结算方式。那么对于这些国家，移动支付的出现将是在这些国家中推行非现金交易方式的一个重要推动力量。居住在偏僻郊区的居民也可以通过移动通信网络来支付他们的账单，再也不需要跑到很远的银行去办理了。

物流、运输和贸易

商品从生产到它们出现在商店的货架上之间，存在着一个很长的供应链。为了能够无缝地监控供应链，目前很多商品都带了一个无线射频识别标签，以实现冷链物流的全程跟踪，或者不同物流服务商的运输时间能够精确计算到秒。相对于目前通用的条形码来讲，这个以无线电方式进行读取的电子标签可以包含更多的信息。另外，无线射频识别标签中的数据可以通过无线电方式在几米远的地方读取，所以贸易商们可以跟踪他们的送货过程。在未来，通过M2M技术和物流企业建立起连接后，在全球卫星定位系统的帮助下，能够实时定位他们货车的位置，同时通过无线通信方式扫描正在运输的无线射频识别标签，可以直接确定相关产品的具体位置。目前对于横跨欧洲的集装箱，在它们的铁路运输中已经使用了无线射频识别技术来实现上述功能，在它们到达一个特定的位置之后，可以自己写和发短信息(Short Message Service，SMS)，这样就能够优化物流链。

全球卫星定位系统和其他正在建设中的卫星系统，如欧洲的“伽利略”(Galileo)，可以在车队管理上有所帮助。当一个已经安装相应设备的交通工具被偷盗之后，该交通工具可以在全球范围内被监控，并且可以根据需要在远程关掉其发动机。这也可以在车辆保险方面实现更灵活的费用，例如，装有这种全球定位系统的交通工具的保险费用可以适当降低。未来购物过程也会变得更加舒适，因为每个商品都将带有一个无线射频识别标签，在结账的时候，商品可以很快地被识别，并且可以使用M2M来进行支付。

电动汽车和远程控制

环保节能绝对是政治、经济和社会中最重要的主题之一，其对于汽车行业也不可避免，所以目前几乎所有的人都在谈论电动汽车。在不远的将来，我们就可以在大街上随处见到纯粹用电力驱动的交通工具。它可以在每个角落进行充电，所充的电来自新能源，所以它将对环境和气候保护做出重要的贡献。对于使用燃料或其他可替代的燃料(如生物汽油或者生物燃气)的交通工具来讲，存在一个环保的问题。从这个角度，相对于其他动力的汽车，电动汽车应该受到重视。但是这项技术目前还处于发展的初始阶段，还需要若干年才能够发展成熟。同时，目前还缺少很多相应的基础设施。M2M技术在这方面的应用主要还是集中在组织和结算方面，例如，在电动汽车充电时的交通工具身份识别和自动结算。

M2M的潜力可以和汽车共享、交通远程控制以及其他的解决方案一起来实现。通过移动终端设备和M2M技术可以使非常高效的交通成为可能，并且不会降低舒适性。舒适性是今天灵活性的一种要求，但这是当前的电动汽车所不能提供的。通过汽车共享、远程控制以及移动终端设备可以使人们的旅途从起点到终点的全过程被更好地组织起来。

在20世纪90年代人们已经逐渐认识到了M2M的市场潜力，并且一些试验性项目已经进行。很多领域里，都存在着M2M应用，但是到目前为止，M2M也只是在一些很少的应用领域中得到了成功应用。其主要原因是这些应用都是独立的"孤岛式"解决方案，并没有一个整体的标准。从世界范围来看，它在各个国家和地区的发展状况也不一样，例如，在亚洲一些国家，移动支付已经逐渐普及；而智能电表已经在维也纳得到应用。这种区别不仅源自于文化差异，也和国家政府部门研究领域的侧重点不同有关。

2003年，世界著名的市场研究机构——弗里斯特调查公司（Forrester）把M2M市场划归为未来5年~20年最大的新兴市场[1]，但是从目前的发展现状来看，这个评估明显过于乐观了。对于现实中的很多问题特别是纵向市场来讲，虽然M2M提供了许多解决方案的基础，但是根据实际情况，在动态市场上只存在着很少的研究和解决方案。很多市场的参与者还没有完全意识到在网状结构的系统中，市场机制已经发生了很大的变化，所以市场上的一些先驱者都明显低估了标准化以及相应的系统之间兼容性的重要性。人们进行各种各样的专有系统的试验，也推出了各种不同的"孤岛式"解决方案。然而他们惊讶地发现，这些解决方案的试用者非常少，以致几乎不可能达到临界质量点。网络效应是M2M技术成功与否的一个重要指标。只有通过合适的标准化来实现相应系统之间的兼容性，才能够达到网络效应。

这里需要重点补充的是，M2M应用的快速增长不仅仅在单一的行业内，也就是纵向市场当中存在，行业之间也相互影响。例如，一些人如果在移动支付的数据安全性方面有过不愉快的经历的话，那么他们对于智能电表或交通控制等其他方面也会存在类似的怀疑。然而，如果人们在使用移动电话进行自动售货机上的结算方面具有良好的经历后，他们也就可以相信其他的市场应用，例如，使用移动电话对汽车的应用（远程控制车锁和空调）、接受通过无线射频识别标签在购物中心获得产品的信息，以及在家庭里面的应用（如查询、预付、电力账户的状态，警报装置的开关）。一旦对M2M解决方案信任，使用者将很快接受且最终习惯于这种通信方式。在这个时候，就可以达到临界质量点，其他的应用就可以很快地被促进，而且其他所有的行业将可以从这样的广告宣传中受益。

目前虽然不存在一个全球性的M2M市场，但是一些各种各样的局部市场应用已经存在，如监控、无线射频识别、计量数据传输等。在全球范围内，存在着将近500亿台的机器为70亿人类进行服务[2]（2020年，机器的数量将会上升到人口总数的30倍以上）[3]，所以这里存在着巨大的通信网络潜力。专家已经说过，在过去的一年中，已经有三分之一的网络活动通过机器来完成。人们也在思考，通过互联网实现的人类之间不断增强的网络化,究竟具有什么样的影响,以及在这中间会出现哪些新的市场。人们还基本上无法想象,物联网究竟能给人类带来什么,一些专家甚至估计,他们的市场不会超过电子商务。通过一个移动电话,所有人都可以和完全网络化的机器世界联系在一起。

在写这本书的时候,我们研究了 M2M 在不同行业内的应用状况[4](图 1-4)。为此我们访问了能够代表德国经济的三百多位企业决策者。大概有 12% 的被访问企业已经在以某种方式应用 M2M 技术,其中,大约 19% 的被访问企业属于运输业和贸易业,大约 17% 属于生产和建筑环保行业,金融服务行业占到了 10%,在被访问的企业中,只有 2.2% 的交通控制行业(不包含运输和贸易)在使用 M2M 技术。

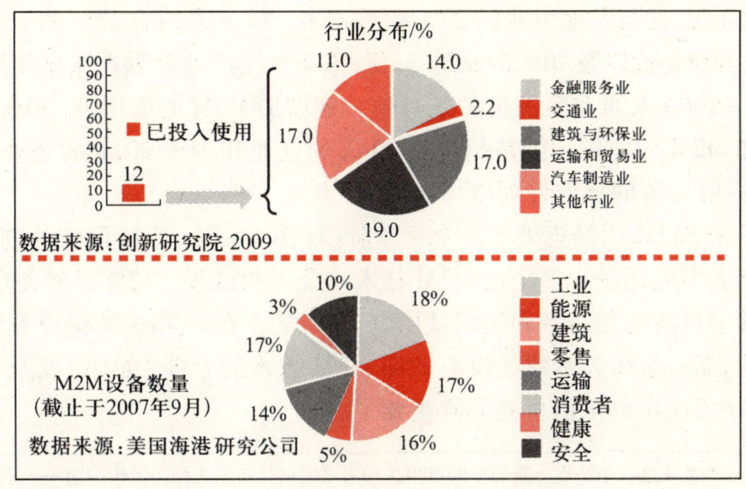

图 1-4 M2M 技术在行业内的应用概况

从被访问企业的规模来对上面调查结果继续进行分析,发现 20 人 ~250 人的中型企业中以某种方式应用 M2M 技术的企业比例最高,达到 20%。相反,超过 250 人的大型企业中只有 12%,而小型企业中只有 8.3%。

同时,也要考虑的是 M2M 技术的市场几乎和其他行业没有依赖关系,反而通过 M2M 技术的不同应用会给其他行业带来不同的附加产品和服务。服务领域和工业领域的主要企业希望通过在近期内应用 M2M 技术来获得经济和投资回报率(Return On Investment,ROI)的潜力。市场研究机构美国海港研究公司(Harbor Research)预计在未来几年内 M2M 市场会继续增长。

其他一些市场研究机构也看到了这个趋势:

(1)美国海港研究公司研究表明,通过已经在企业里存在的技术应用现状,预测在 2011 年 M2M 的全球市场规模将会达到 1700 亿美元,2013 年将达到 3000 亿美元[5];

（2）麦肯锡公司（McKinsey）预计 2010 年美国、日本和欧洲的 M2M 市场规模将达到 1000 亿美元[6]；

（3）联合商业情报公司（Allied Business Intelligence，ABI）经过研究计算得出，在 2013 年全球将大约共有 8000 万个 M2M 通信模块[7]，在 2010 年应该已经有 1000 亿可通信的物品和大约 20 亿台智能机器[8]；

（4）瑞典市场研究公司 Berg Insight 公司认为，在欧洲存在 6 亿台 M2M 通信连接设备的市场潜力，按照预计的每年 33% 的增长率，2013 年 M2M 的市场规模将达到 5200 万台[9]。

我们的调查也同样发现了这个趋势。共有 16% 的被访问企业计划在未来应用 M2M 技术，虽然目前交通行业的应用排在最后一位，但是在未来将有 20% 的企业计划赶上这些不足，这与其他行业的 29% 相差不多。接下来约有 16% 的金融服务业，12% 的运输和贸易业以及 10% 的建筑、环保、汽车和生产业计划在未来使用 M2M 技术。250 人～1000 人的大型企业中有 41% 计划增加 M2M 的应用，有 33% 的中型企业计划增加 M2M 的应用。但是超过 1000 人的企业和少于 20 人的企业在未来分别只有 12% 和 10% 的比例计划应用 M2M 技术。

目前看来，M2M 市场正处于一个过渡阶段（图 1－5），即从目前的创新者和先期试用者到大多数还没有使用过 M2M 技术的公司的过渡。12% 已经使用 M2M 技术的企业属于目前的创新者和先期试用者，同时还存在着 88% 的仍没有使用 M2M 技术的企业，那么这些大多数还没有使用 M2M 技术的企业"如何"以及"何时"进入到 M2M 技术应用的队伍里就非常重要了。

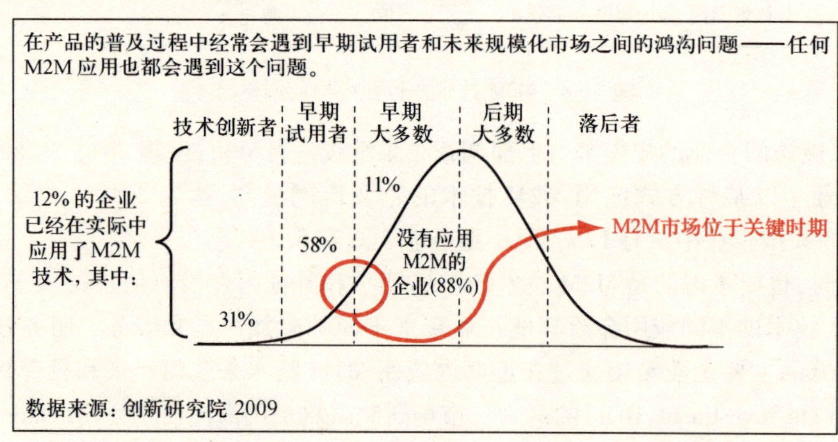

图 1－5 "分歧"——早期试用者和大多数人之间的"鸿沟"

已经可以预见到未来 M2M 技术对商业战略和客户关系将产生广泛影响，例如：

（1）技术的不断完善将使得用于通信连接的设备更加便宜和简单化，在通信连接设备成本降低的同时,人们对通信方式的选择范围也将扩大。

(2) M2M 的跨网络技术标准将给用户需求和规模效益带来巨大的影响。

(3) 在未来的几年内最终用户将不仅能享受到高效服务所带来的价值,同时也期待着企业集成系统中新的解决方案的出现。

(4) 用户对于灵活性和个性化的需求将逐渐增加。用户对 M2M 技术将不再陌生,他们会把 M2M 技术以创造性方式方法集成在他们的工作环境和日常生活中。

(5) 未来,用户将期待从服务提供商那儿得到定制化的解决方案,以满足他们个性化的需求。

在被访问企业中,15% 的企业表示出对 M2M 技术解决方案具有大的或者非常大的兴趣,30% 的企业表示出对 M2M 技术解决方案具有较好的或非常好的理解,21% 的企业还认为这项技术比较陌生(图 1-6)。从调查结果来看,超过 250 人的企业更容易理解和看到 M2M 技术的应用前景。

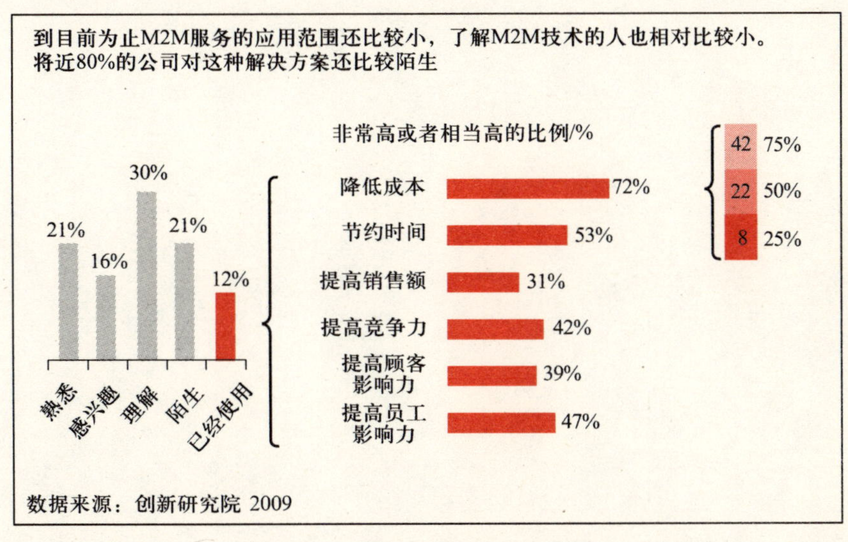

图 1-6　对 M2M 的理解和应用潜力

但是单纯从数字还看不出人们究竟如何理解 M2M 技术以及如何对其产生影响,为此需要重视 M2M 市场中的基本推动者和决策因素。

因为网络化的要求,M2M 应用中的标准非常关键。谁想在实际中应用 M2M,谁就必须非常重视这个标准,这个“谁”可能是国家,还有可能是某个具体的企业或者企业之间的联盟。在这种情况下还需要考虑的是,不同的企业会对整个价值链中的哪个环节比较关注。如果关注价值链中的环节越多,那么他的市场能力就会越强,如此一来,技术之间的兼容性也就更容易得到保证。

原则上来讲,面向 M2M 市场的技术发展有如下一些表现:不断发展的微型化,带宽不断拓宽情况下用于传输数据的移动电话网络的良好覆盖范围以及在很多产品和流程当中不断增强的信息技术应用。所有这些表现均有助于“物联网”的发展。在社科领域人们也可以发现一些具有决定意义的推动力——其中最重要的是,通过移动电话和计算机以及其他类似设备的传播可以把其市场渗透到一个很高的层次。与互联网一样,人们同样也会习惯于使用这种技术应用的交流方式。

当然,在M2M技术的发展过程中存在的一些障碍也显而易见,例如,人们都知道,任何一种网络都是比较脆弱的,从而关于个人隐私保护或者信息滥用的隐忧会一直存在。另外,目前存在着非常多的专用系统,要把这么多专用系统集成到一起需要付出高昂的成本。同时,还缺少合适的商业模式。此外,从市场的角度来看,目前M2M市场的前景还不是非常明朗。

一旦达到M2M市场的临界质量点,所有这些问题将被部分或者全部解决掉。下一章所描述的市场策略将对临界质量点的到达具有重要影响。

第2章
M2M市场的商业模式

网络决定市场行为

> "我们已经顺利地完成了从一项技术到另一项技术的成功转换。当共轨柴油喷射系统得到应用的时候，所有旧的知识和设备都突然全部过时了。"
>
> *马库斯·施密特*
>
> *德国博世公司董事会成员*

M2M技术成功的关键是网络化，因此产品和服务不再仅仅与价格有关，M2M相关产品的价值将依赖于其网络化程度。例如，在汽车与汽车通信中，只有当别的汽车都装备了基于M2M的通信系统之后，它对用户才会产生实际价值。当越来越多的汽车最终都可以相互进行通信的时候，该系统的使用价值和用户愿意支付的价格才会越来越高。

可以考虑通过国家政府部门制定相应的税收优惠政策的方式来促进M2M技术的标准化。这种方式将在市场中起到一定作用，会导致企业的市场行为明显与传统的市场行为不同。导致这种不同行为的原因在于网络效应。简单来说，每一个电动汽车的购买者都可以从这种网络（更准确地说是普及）中获得一个附加价值，道路上行驶的电动汽车越多，那么能找到的汽车充电站也会越多，可以获得相关信息的地方也更多，对于电动汽车修理厂服务的需求也越多。同时，这个系统将会通过M2M和很多其他的计算中心连成网络，从而可以获得蓄电池的状态、未来的维修或兼容的新蓄电池等信息。

电动汽车的普及程度越高，对于这种车型的潜在购买者的消费附加功能和外部效应也就越多和越大，这样可以提高潜在购买者的消费欲望及增强对于其他驱动方式汽车（如汽油、柴油汽车）制造商的竞争优势。同时，对于M2M技术服务的提供者来讲，如果他在电动汽车上面安装的M2M模块比他的竞争对手多的话，那么他就更加具有网络优势（假如仍像今天这样不同服务的提供者之间还不兼容的话）。

通过手机进行的移动支付也遵循这个原则。如果通过手机在家庭大门准入识别方面采取与在车门和办公室大门相同的协议，将具有同样的网络优势。这同样适用于从生产、运输到销售商的物流流程，装有特定识别装置的物品越多，网络优势就利用得越充分，其间也可以实现货物的无缝管理。在学术讨论中，这种现象被称为“网络效应”。网络效应分为直接和间接两种，二者之间具有根本上的区别。

例如，一台计算机的不同组件之间就属于间接的网络效应。一个中央处理器（Central Processing Unit，CPU）对于用户来讲本身并没有什么直接的用处，打印机、显示器、键盘和存储设备等计算机外围设备也都一样，只有当它们组合在一起且装上相应的应用软件组成一个系统的时候对用户才有实际使用价值。随着计算机的不断普及，相应的配套辅助服务和部件也逐渐增加起来，如不断增多的标准、各种各样的应用软件、各种专业培训学校、硬件维修以及编程支持等。一个标准普及得越广，则其附加功能和外部效应就会越多和越大，给消费者带来的服务内容也会越多。例如，移动电话操作系统标准“安致系统（Android）”就属于这种情况。间接网络效应的价值主要有：

（1）不同专业的第三方提供商给用户带来很大的选择范围；

（2）当不同系统之间兼容的时候，程序和数据可以进行相互传输；

（3）如果一个产品销售得越多，那么就会被越多的人认识，由此可以带来信息优势；

（4）在普及程度高的时候，密集的服务网络能够带来更加便捷的服务；

（5）在不同移动电话上使用操作系统所带来的学习优势。

最后一条价值可以用计算机键盘的发展历程来说明。今天的键盘布局源自于机械式打字机。现在键盘上的按键之所以像今天这么布局，主要是为了机械式打字机的键盘杠杆在快速输入的时候不至于互相影响。这项布局的专利还要追溯到1904年。美国经济学家保罗·A·大卫（Paul A. David）在其1985年发表的论文《Economics of QWERTY》（《全键盘的经济学》）中指出，当一个标准已经深入人心并被别人熟悉之后，将很难被其他标准所超越，即使其他标准比目前的标准好得多[10]。所以尽管美国海军部门研究出的德沃夏克键盘（DSK键盘）排序方式可以比目前的全键盘提高将近40%的打字速度，并且这种键盘排序方式只需要一天的时间就可以学会，但是到今天为止，全键盘（QWERTY键盘）标准还是没有被其替代。

直接网络效应与直接的网络化有关，M2M应用就属于这种。用户可以从直接网络效应中享受到的价值有：

（1）不断增加的通信可能性和可达性；

（2）在间接网络效应中已经获得的信息优势和可用性；

（3）通过兼容性带来的成本节省，特别是在使用通用接口方面可直接带来软件成本节省；

（4）直接的可应用性，例如，“汽车与汽车”（Car2Car）通信解决方案如果不能够网络化，那么这个解决方案将不会有任何可用性。

这种附加价值的形式不但会影响到潜在顾客的购买力，同时也会影响到服务提供商的竞争优势。一个服务提供商在用户群中安装 M2M 系统的数量越多，那么他就具有越强的网络竞争优势。由于此原因，在未来网络行业的市场行为将会和传统市场有所不同。

关于市场规律性的讨论在 20 世纪 80 年代已经开始了。虽然网络化市场中也有典型的网络效应，但是传统的经济学理论已经不再适用于网络化市场了。网络化市场与标准化有很大的关系，这对于 M2M 市场也具有决定性的意义。

机器之间的无缝通信是成功应用 M2M 技术的前提。在一些市场领域内，网络化已经得到了一定发展，例如，在贸易行业中，由于处于市场终端的大型零售超市主宰了整个物流链，所以这些超市也就可以主导确立与整个物流链相关的标准，如通过无线射频识别技术对整个运输链进行货物识别及监控，这些标准就是典型的“生产专有技术标准”。与此类似的是，能源供应网络中的本地能源服务商可以通过自动读取装置来远程读取客户所消耗能源的相关数据。

网络效应分为几种不同情况，第一种情况是网络效应来自于由单个企业所构成的网络。这种网络效应同样适用于银行的自动取款机。基于每个银行的专用系统，自动取款机通过无线网络或固定线路与计算中心连接在一起。这种正面的网络效应与所采用的技术和服务人员的普及程度有关。同样，如果与企业产品有关的备件和信息很容易得到的话将会提高其网络规模。然而可惜的是，不同企业之间的网络是互不兼容的。

同样也存在由不同企业共同合作构成的联盟市场。第二种情况就是网络由所有参与企业共同构造。例如，在移动支付领域，一个有效的移动支付基础设施可以通过移动网络服务商、银行和零售商的共同合作来构建。在一个企业无法完成 M2M 技术所需要的基础设施或者为了达到客户的临界质量点的情况下，为了实现网络效应，一个跨企业的技术标准是非常需要的。例如，移动支付的应用中，一个企业无法完成 M2M 技术所需要的基础设施，那么就需要一个跨企业的技术标准来实现这个网络的构建。而目前虽然已经有不少企业在推广智能电表，但是为了达到客户的临界质量点，此时这些不同企业之间的一个跨企业标准也是必要的。阿克塞尔·格兰仕在 1993 年就论述了跨企业标准并为此构建了一个经济模型。

在第三种情况中，M2M 的网络由同行业中的所有企业一起构造。所有企业提供的产品和服务与其他企业提供的产品和服务都相互兼容。例如，在未来可以实现的自动紧急救助电话呼叫系统就属于这种情况。一辆交通工具遇到交通事故的时候可以自动呼叫欧洲统一的紧急救助电话。通过这种方式，交通事故中的受伤者可以比现今得到更快并且更准确的救助。我们把该情况下这种统一的规则称为行业标准。

采用了不同标准形式的不同企业的市场行为具有很大区别，例如，一个采用自己专有标准的企业比起采用跨行业标准的企业来讲，它会非常保护自己的技术并采用不同的策略来进行市场开发。

尽管如此，目前的文献中几乎没有涉及到这种区别，它们或者是只针对企业自身的标准或者是只针对行业标准。例如，奈杰尔·梅亚德（Nigel Meade）和拖伊杜尔·伊斯拉姆（Towhidul Islam）在2009年发表的文章《The Effects of Network Externalities on Diffusion of Celluar Telephone》（《移动电话传播中的网络效应》）中所讨论的就是这种情况的典型[11]。此外，对于标准化理论来讲，目前对于跨企业标准情况下的企业战略竞争行为的模型还没有相应的研究成果。但是从文献中可以得出，对网络效应效果的忽视会导致代价非常昂贵的战略决策失误[12]。

录像机行业曾出现过一个典型的跨企业标准案例。很多企业，特别是日本企业通过合作，基于一个跨企业标准向他们的客户提供家用录像系统（Video Home System，VHS），而飞利浦（Philips）公司在2000年试图向欧洲市场上推出一款专有的、和其他系统不兼容的家用录像系统——Video 2000系统，这两种系统之间的竞争将有利于跨企业标准的发展。

模糊的行业边界

到目前为止，网络效应一般还是局限于一些特定的行业中，如通信行业、计算机行业和电子娱乐业，这些行业是非常典型地不适用“价格等于边际成本”规则，而是符合其他经济规律。

通过M2M技术的应用，上述现象将会发生变化。机器网络化基本上涵盖了所有的生活领域和行业（图2－1）。相对于70亿的人口来讲，将有大约500亿台机器相互之间通过M2M技术连接起来，如同在第1章中所描述的场景一样，所有的家电、信息系统、建筑、商店、汽车、加油站、能源供应等所有环节都将是一个大的兼容性网络的一部分。

这就意味着网络效应理论将在许多行业都适用，这将对企业的未来决策具有非常深远的影响。随着网络化进一步发展，在这些属于M2M世界一部分的行业将适用于新的游戏规则，如进入网络的时间点、临界质量点、价格策略和产品策略等都必须重新定义。

所以，我们现在讨论的网络效应理论必须得到进一步扩展，即网络效应不再仅仅局限于一个封闭的行业内，而将会超越行业的界线。M2M在建筑管理方面的标

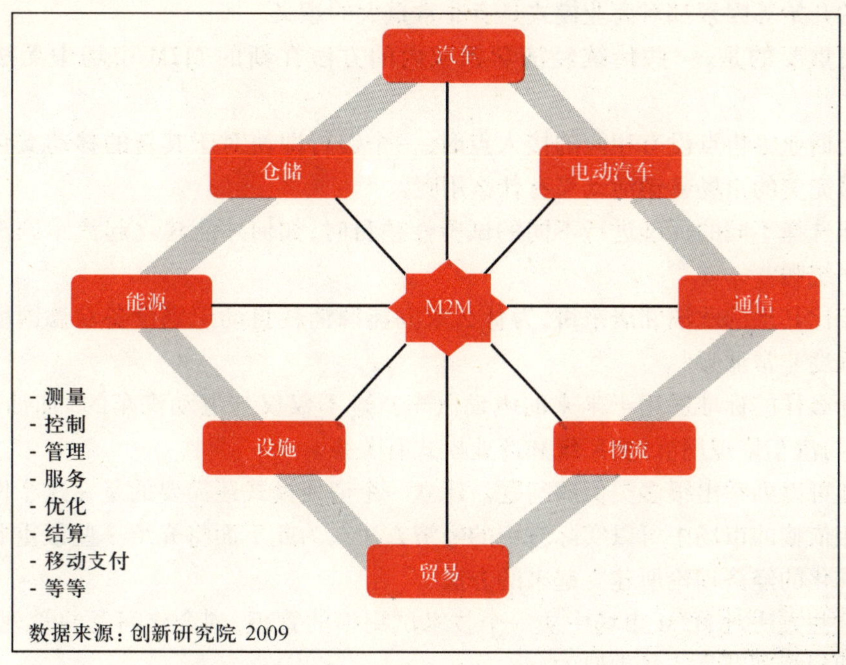

图 2－1　通过 M2M 实现的行业网络化示例

准会受到 M2M 在汽车行业方面的标准的影响。对于网络效应也是一样，人们在进行电子结算时的身份识别方式和在远程控制汽车中的汽车识别方式是有关系的。在购物时的电子结算必须通过一个唯一的识别方式进行，这种唯一的识别方式在下面的情况中也需要用到：汽车进入市中心指定区域的身份识别和停车位分配指定，在公共汽车或火车上的购票，进入办公室时的身份识别以及利用办公计算机在公司网络上进行存取操作时。

度假期间，帆船和海上遇难人员的定位将通过一个统一的标准来实现，同样，自行车被偷窃的时候也可以定位。骑自行车的人在遇到事故的时候能很快被发现并得到及时的救助。因为他的血型、病历等相关资料可以通过 M2M 快速、准确地进行下载，所以他可以很快得到全面救治。

在不久的将来，整个社会将通过机器以某种方式联系在一起。当人们发现移动电话已经是这个机器世界的一个重要组成部分的时候，那么这个网络将无所不在。

这种全面的相互依赖和网络化当然需要新的理论方法和商业模式。这个商业模式只有在将 M2M 市场的运行模式和整体的网络化一起考虑的时候才能够被开发出来。所以每个企业都必须在 M2M 市场的竞争过程中形成和使用自己独特的方法。

但是 M2M 市场的竞争以独特的规律出现在一些主要行业内。不断增长的规模经济、临界质量点的到达、标准的制定和遵守、兼容的辅助产品和服务形成以及合作的开始等因素都对商业模式具有非常重大的意义。

更重要的是，一些传统经济学领域内的方法在新的 M2M 市场中无法直接应用。

当商业零售点没有相应的接入点时，一个银行即使对于其新的移动支付系统使用最完美的市场营销活动又有什么用呢？

当选择不同的标准进行不同的试验性项目时，如何才能建立起汽车到汽车的通信系统呢？

相比其他的欧洲邻居来讲，为什么家庭能源消耗自动识别设备在德国境内的普及程度非常低呢？

什么样的标准适用于未来的电动汽车？这不仅仅与电动汽车的“加油站”有关，还与汽车修理厂、计费系统和商业模式有关系。

还可以列举出很多类似的问题。建立一个商业模式还需要的是在这个网络化和互相依赖的市场中可以实际应用的经济方法。为此下面将介绍一些最重要的基于标准化的经济理论所建立起来的方法。

这些方法对 M2M 市场中从一个技术试用率的管理，到合作问题的管理，直至客户期望管理都是非常重要的。

为此，后面将详细分析 M2M 市场中的产品策略、价格策略和网络策略的特殊性。最后将介绍一种方法，未来的企业决策者可以根据这种方法来构建适合自己的策略，以便在未来的 M2M 市场中获得成功。

M2M 试用率管理

在 M2M 技术应用方面，最重要的经济主题是尽可能快地进行传播。一般来讲，试用一个特定技术的顾客越多，那么对于所有的市场参与者的好处越大。

来自美国新墨西哥州圣菲研究所（Santa Fe Institute）的经济学家阿瑟（Arthur）、艾莫伊维（Ermol’ev）和卡尼欧维斯奇（Kaniovskii）已经对此进行了研究。他们使用“收益递增（increasing returns）”来描述分配问题中的动态性[13]，认为试用率的不断增长意味着一项技术吸引力的不断增加。一项技术的普及程度的增加将带来不断扩大的网络效应，同时也逐渐增加购买者的益处。不同标准或不同技术之间的竞争就像狂欢节中的“花车”之间的竞争一样。如果一项技术的吸引力越强、普及程度越高、创新程度越高和用处越多，那么它的购买者也会越多。

在汽车行业中，有人一直在讨论，一项使用相同研发资金研发出来的其他传动技术是否会具有广阔的前景。这种类似问题对于当今的电动汽车是不存在的。

1890 年，汽车由锅炉、电池或内燃机驱动。当这些不同的技术相互进行竞争的时候，人们不知道哪种驱动方式会在长远的时间内主导市场。在这里就涉及到一个在试用率不断增长情况下的分配问题,试用率的分配会带来一个市场的综合平衡。阿瑟在他的模型中重点描述了这种平衡的选择问题,在这个模型中他一方面研究了什么情况下一个技术可以占到市场份额的 100%,另一方面他也提出了一个假设,即在什么情况下可以达到市场的平衡。

阿瑟假设一项技术在竞争中出现,而且技术提供者不采用任何价格策略。在这种情况下将会出现一个趋势,即偶然发生的试用率将会在一定程度上决定未来长期的市场结果。通过这样不断自我调整而出现的市场结果是次优的。在一定时间范围内,一项技术的试用率呈现不规则的波动性。但可以确定的是,在竞争期间,如果其中一项技术的实用性和技术水平不断提高的话,上述情况则不再适用。

这种现象特别适用于以人类为中心发展的 M2M 技术。基于 M2M 技术的医疗管理、交通管理、计算机及最终的移动电话应用的功能将非常依赖于兼容软件和通信接口的普及程度,如图 2-2 所示。

顾客决定是否购买一项技术也与该项技术已经存在的试用率有关系。令人意外的是,早期一些微小的、看起来不重要的中间结果将会决定一项技术的最终结果。例如,一个在竞争早期阶段出现的标准可以获得一个显著的优势地位,所有在后继市场中出现的流动性顾客在其决定是否购买的时候很可能会受到这个标准的影响。相对于其他后出现的技术来讲,顾客可能会由于其个人的先入为主的感觉而选择之前这项技术。

通常,不一定能够建立起一个非常理想化的标准。如果过度追求理想化,可能会导致过度的非标准化和经济成本。这个趋势在一定程度上可以通过不同技术提

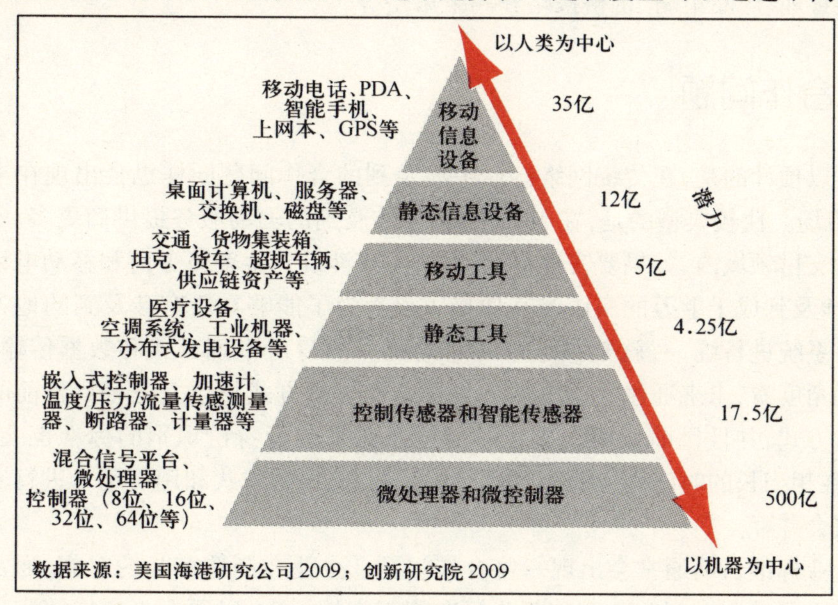

图 2-2 智能设备层次

供者之间的沟通与相互合作来避免。当不同竞争企业之间能够达成一致意见，即他们的最终目标是建立一个行业标准的话，那么通过他们之间的合作，采用成本分担、补偿性付款以及其他合作手段等方式是可以实现其最终目标的。

由此看出，在试用率管理中的临界质量点的规划非常重要。对于一项技术来讲，一旦无法预见其试用率预期，那么该项技术的不同提供者之间必须进行合作，合作的方式可以是成本分担、补偿性付款、专利转让、共同研发等，这些合作方式可能涉及到以下人员或部门：

（1）辅助服务提供商。例如，当一个汽车制造商计划批量生产带有 M2M 通信模块的电动汽车的时候，电动汽车“加油站”就是一个辅助服务提供商。

（2）价值链中的供应商。例如，在电动汽车制造过程中的锂电池制造商盖亚公司（GAIA）或者锂泰克公司（Li - Tec），他们开发了一套现代的电池管理方式，通过 M2M 技术把电池和技术中心联系起来，以实现充电优化和对电池温度的监控。

（3）其他合作伙伴。如零售连锁店，在他们的场地内根据一定的技术标准来提供电动汽车充电站并且通过 M2M 技术实现在客户购物结账的同时一起结算客户充电的消费。

（4）国家政府部门。其可以通过国家立法的方式来规定城市内部的一些指定区域为“二氧化碳零排放”区，在这些区域内只有电动汽车才能够进入。

本书的后续章节还会继续介绍一些可以利用的其他方法，如合作问题管理、客户期望管理、产品策略、价格策略和网络策略等。

克服合作问题

可以预计的是，在传统网络行业中涉及到的合作问题同样也会出现在未来的 M2M 市场。比较典型的是，在 M2M 市场中涉及到的辅助服务提供商更多。例如，在移动支付领域内，如果要实现移动支付，不仅涉及到金融服务商和移动电话服务商，还涉及到成千上万的商店和其他接入点。为了能够在所有涉及到的地方对移动支付系统进行统一，就必须采用特定的统一的身份识别方式和数据传输协议。从长远角度看，未来通过移动电话进行移动支付的方式将会完全替代目前的信用卡支付方式，并且目前信用卡支付时通过条码来进行身份识别的标准也会消失。当然，在相当长的时间内，用移动电话进行移动支付的方式和用信用卡进行支付的方式将会并存。

企业标准目前通常会出现一些合作问题。企业在制造产品的时候，通常很难确定是否要采用或制定一个和企业标准相兼容的标准，以便在未来能够实现行业标准。另外，在网络行业中，一个企业在进行与标准有关的决定时也需要考虑其竞争对手的情况。

此外,在产品接口方面不同企业之间的合作也具有战略意义。随着一项技术产品网络效应的增加,潜在顾客的购买意愿也会相应提高。不同企业对于同一项技术产品之间的兼容可以提高整体网络效应的效果,所以一个企业的市场成功与否将与企业之间在技术产品标准化方面的合作成功与否具有很大的关系。在从一个行业标准(如信用卡)向另一个行业标准(如移动支付)进行转换的时候,不可避免会出现一些合作问题。

麻省理工学院(Massachusetts Institute of Technology, MIT)经济系的两位学者约瑟夫·法雷尔(Joseph Farrel)和加斯·塞隆纳(Garth Saloner)研究了一个企业转换行业标准时所遇到的合作问题[14]。不同企业在转换行业标准的动力方面存在很大区别。根据对不同企业对于接受新行业标准的动力的讨论,可以得出以下两个重要结论。

结论一:在完全达成一致意见以及信息完全公开的情况下,所有企业都可以从一个旧的行业标准转换到一个新的行业标准。但是在信息不能完全公开的情况下会出现一种所谓的"过度惰性(Excess Inertia)",从而导致企业不会试用新的行业标准,其原因在于当一个企业试用新的行业标准的时候,而别的企业还在继续使用旧的行业标准的话,很难形成网络效应。

结论二:当一个企业开始试用新的行业标准,而别的企业没有及时跟进的话,这个企业将会遇到实质上的困难。在一个网络效应具有重要意义的行业,这种困难会带来过度惰性。

研究结果表明,这种过度惰性可以通过企业之间的沟通来解决。当不同企业对于行业标准的目标一致的时候,这种目标是非常完美的。但是从法雷尔和塞隆纳的模型中可以得出,由于企业之间不一定会把他们真实的想法表达出来,这种信息不对称的沟通会加重过度惰性。在这种情况下,可以通过补偿性付款来解决不同企业之间的合作问题。企业在竞争过程中通过互相合作和成本分担来实现工业标准是比较好的方法。

新技术的阻碍

一个企业可以采取一些特定方法来阻碍新技术的发展,例如,信用卡行业内的垄断企业可以通过折扣等方式暂时地将 U 技术(信用卡支付)对顾客的益处提高到 U' 水平,以致 T 技术(移动支付)在时刻 T' 进入市场的时候没有任何发展机会。

所有使用信用卡的顾客都不希望自己是移动支付的第一批使用者,而是希望在其他人都使用移动支付后,自己才开始使用。从时刻 T' 开始,U 技术的网络效应已经非常大,以至于 T 技术已经很难再有什么机会了,参见图 2-3。

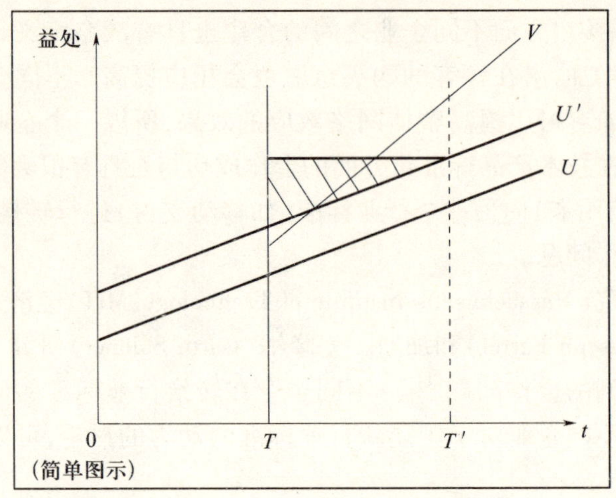

图2－3 新技术的阻碍

当然也存在一个相反的情况，使得新技术在开始的时候能够获得特别的机会。产品预告就是其中一种流行的方式，它可使一个新技术获得一个开始优势。对于还没有选择旧标准的顾客，可使他们在这个时候对新技术有所期待。产品预告的方式之一就是实施试验项目，让一定数量的顾客参与进来，切身享受一下新技术的乐趣。这种方法是非常流行的。

在德国已经有一些能源供应商开始利用 M2M 技术来进行能源消费结算的试验性项目。用户在用电的时候，电可以实时到秒进行结算，这不仅提高了消费透明度，节省了能源，而且还可以在设备管理方面提供很多其他的新附加服务。这些措施有效推动了国家对于该新设备安装使用的立法倡议。

在这种情况下，新技术的应用将被有力地推动到一个新台阶。尽管在这个市场上还存在所谓的惰性，但新技术仍可以很快地得到普及。

客户期望管理

加利福尼亚大学的经济学家迈克尔·卡茨（Michael L. Katz）和卡尔·夏皮罗（Carl Shapiro）指出：客户期望对网络行业具有非常重要的意义[15]，对 M2M 技术的普及更是如此。

简单来说，如果一项技术的不同提供者的产品互相兼容的话，将有利于整个经济的发展。当不同提供者不使用互不兼容的产品进行竞争的时候，那么采用这项技术的相互兼容的产品的数量（z）会越来越多。最终，当越来越多的企业都提供这种互相兼容的产品的时候，顾客的支付意愿（nA）也会越来越高（图2－4）。

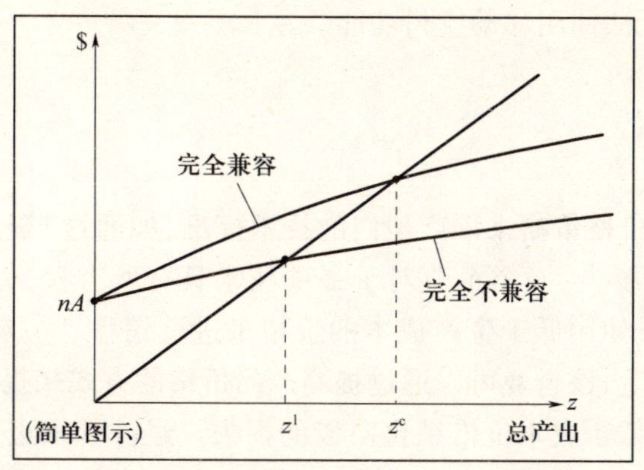

图2-4 完全兼容和部分兼容情况下的益处和销售情况

完全兼容和部分兼容情况下的益处和销售情况

从卡茨和夏皮罗的模型中可以看出,只有当客户对一个系统的期望值比其他系统更高的时候,这个系统才会在实际中得到应用。一旦一个M2M解决方案在市场中获得大多数顾客的认可之后,它就会在这个市场上获得主动权,从而达到更大的网络效应。

同时,市场中的小型企业为了能够在市场中站住脚,也更乐于跟随在一些大企业的后面,采用大企业的技术标准。

从整体经济的角度来看,能形成一个行业标准是非常重要的,但是最终形成的行业标准也有可能是一项不好的技术,例如,家用录像系统相对于Video 2000系统就是这种情况。

另一方面,市场上一些大的主导性企业可以通过自己特定的不兼容解决方案来引导客户的期望,从而在整个市场占有主动权。采取这种策略的公司越来越多,特别是当一个公司在市场上具有非常好的声誉且具有足够的竞争优势时。例如,索尼公司几乎是一直采用这种战略,使用自己的技术标准来引导客户的期望和主导市场。在这种背景下,可以想象的是,这些公司会尽可能早地开始进行产品预告,以便在进入市场的初期阶段就影响顾客及他们的期望。

对于M2M技术来讲,由于它的技术标准可以同时在多个市场领域内应用,所以顾客期望对其就显得更加重要。在多个市场领域内的应用越复杂,顾客期望的重要性就越大。例如,在移动支付、办公室门禁管理、车辆驾驶、家庭电网服务等市场领域都会使用到M2M身份识别技术。没有顾客愿意在上述的一些市场领域里同时使用互不兼容的系统,即在不同的领域内采用不同的识别机制。例如,原本在加油站即使身上没有现金也可以采用移动支付,但是由于本地服务商在门禁管理上面使用了其他技术标准而导致移动支付中的身份识别方式在加油站的门禁中无法识别，从而导致无法使用移动支付功能。

使用价格策略

企业可以通过价格策略来推广他们的技术标准，如通过“资助策略”手段。这里的“资助”可以理解为：一个企业对于一项技术具有所有权，为了扩大该项技术的网络效应，该企业使用低于生产成本的价格来进行销售。一旦这个产品在市场上占领主导地位以后，该企业可以通过提高产品价格的方式来提高产品的利润，从而可以逐渐补偿在低于成本价格销售阶段的损失。经济学家迈克尔·L·卡茨和卡尔·夏皮罗对这种现象进行了分析，证明了在网络行业中价格策略的首要意义在于制造“事实标准（De-facto-Standardisierung）”[16]。为了实现兼容性的目标，存在以下两种可能的方式。

一方面，可以通过技术性修改来实现在开始阶段互不兼容产品之间的标准化。企业需要决定他们的产品是否要与竞争对手的产品互相兼容。例如，德国的移动电话服务商可以决定是否将他们的短消息服务与其他服务商的技术标准互相兼容，他们的最终决定是采用兼容的技术标准，由此导致短消息业务爆炸性增长，从而使互相兼容的各个服务商都从中享受到了好处。

另一方面，标准化也可以通过前面所述的“事实标准”来实现。

目前使用的专业术语中还存在一个所谓的“企业专有标准”，这种企业专有标准对竞争对手的技术是排他性的。

在这种竞争关系下，需要思考下面两个问题：

（1）价格策略对于市场结果会有哪些影响？

（2）如果实现了“事实标准”，那么最终的标准在经济方面也会是最优吗？

这些问题的答案依赖于一项技术的所有权归属。当一项技术不存在所有权问题的时候，对于所有的企业来讲，都不存在进入这个市场的障碍，那么产品的价格将由其边际成本来确定。这会带来竞争的平衡，当然这同样也可能带来效率低下。

在客户使用一种新技术的时候，他不会关心他的使用对其他顾客可能引起的网络效应。例如，未来一个物流企业在使用一项基于 M2M 技术的车辆跟踪新技术的时候，他根本不会关心其他物流企业是否还在使用在未来可能消亡的全球卫星定位系统。

需要思考的，在不久的未来就会对世界经济产生重大影响的是：虽然全球卫星定位系统在目前是物流跟踪和其他应用领域中的标准，但是在未来同样需要与其他类似的服务网络竞争。

目前正在建设中的其他全球卫星导航系统包括俄罗斯的“格洛纳斯（GLONASS）”、中国的“北斗星”以及欧洲的“伽利略”。人们还不是很清楚，这些互相竞争的全球卫星导航系统究竟什么时候才能应用在民用领域。但是可以确定的是,只有在通过一些标准来实现这些系统之间的兼容性后,这些系统才能够和M2M技术一起充分发挥卫星导航系统的效率,从而能够和全球卫星定位系统进行竞争。

一项技术虽然不是最好,但如果其具有足够大的“先入优势”,也还是很有可能成为事实上的标准。全球卫星定位系统就属于这种情况,在过去的几十年里,已经有大量设备的建设是基于全球卫星定位系统技术,所以全球卫星定位系统相对于其他正在建设的全球卫星导航系统来讲,已经具有足够的“先入优势”。

当一个企业对一项技术的所有权或者在进入该技术的其他市场范围内具有阻力的时候,该企业可以使用前面提到的“资助”手段,以“资助者”的身份出现,使用价格策略来提高他们技术在市场中的相对竞争力。

在开始阶段“资助者”可以通过低于生产成本的销售价格来扩大其产品的网络,在网络增长到一定时候,可以通过用高于边际成本的价格来进行成本的分担。尽管在消费者进行购物选择的时候,受到“资助”的技术和没有受到“资助”的技术都有被消费者选择的可能,但是单方面的“资助策略”可以使一项技术在市场上具有绝对的主导地位,如果一项技术的竞争双方都采取“资助策略”的话,那么这项技术就可以在未来市场中占据优势地位。例如,“伽利略”就可以是这种情况,因为虽然全球卫星定位系统的定位精确度相对于实际地理位置的误差为10m~35m之间,而“伽利略”系统的定位精度则比全球卫星定位系统高很多。

如果一项技术的竞争双方都不采用“资助策略”,那么导致的市场结果可能好也可能不好。在市场竞争的两个阶段,如果该项技术的销售价格均稍高于边际成本的话,则这项技术将一直是事实标准,这种市场结果从社会经济的角度来讲是最优的。但是经济学家也指出,这种情况下可能导致系统之间的不兼容性,因为当一个企业决定采用非标准化的方式时,他只会主要考虑其产品所面对的客户群体,至于这项技术是否会对其他企业产品的客户群体产生副作用,他是不会考虑的。

经济学家同时证明了“后发优势”的存在。当顾客期待未来某个进入市场的产品具有价格优势或者具有更高使用价值的时候,那么顾客可能会等待新产品的上市。对于全球卫星定位系统在物流领域中的应用情况来讲,由于“伽利略”系统具有更高的定位精度,所以顾客对“伽利略”系统的期待很高,那么全球卫星定位系统可能反而会失去已经具备的“先入优势”。

博世公司的共轨技术就属于这种情况,当共轨技术出现的时候,由于所有生产企业都只愿意使用这种技术,所以基于以前柴油喷射技术的所有知识、设备和工具都突然之间变得过时。

这就说明,即使没有采用“资助策略”,一项更新的技术也可能在市场中获得成功。由此,从另一个角度来讲,在一项技术进入市场的开始阶段,即使以低于生产成本进行销售也不是肯定就能成功。

利用互补优势

产品之间兼容性的动力不仅源于网络效应,也源于辅助产品之间存在的产品差异可能性。通过工业标准可以实现系统中的所有组成部分相互兼容,例如,有可能通过移动电话实现对门禁、音响系统、暖气设备和交通工具的统一控制。

在价格相同的情况下,兼容性高的产品必然会比不具兼容性的产品能给顾客带来更多的益处。例如,如果 M2M 身份识别技术标准能够应用在不同的产品中,即不同产品之间的身份识别方式互相兼容的话,那么利用手机在不同的房间里接收自己喜欢的歌曲会变得更加容易。

英国艾塞克斯大学(Universität Essex)经济系的卡门·玛图特斯(Carmen Matutes)和皮埃尔·艾吉贝由(Pierre Regibeau)首次研究了在一个行业中存在不同产品的情况[17],他们使用“兼容度”来对比分析了产品互相兼容的动力,并在对比了产品互相完全兼容和产品互相完全不兼容情况下的市场均衡后得出了新的结论。

首先,行业标准提高了产品的多样性。顾客在选择产品的时候可以完全按照他们个人想象来进行。顾客的需求曲线将向上提升,同时整个市场均受益。通过产品之间的兼容性决策,企业可以在决定他们的产品策略时更接近特定消费群体的偏好。

完全兼容和完全不兼容情况下的辅助产品

首先通过实现产品 A 和产品 B 之间的相互兼容,产品 A 和产品 B 的市场区域可以从完全不兼容情况下的 AA 和 BB 扩大到 AA、BB、AB 和 BA,如图 2-5 所示。

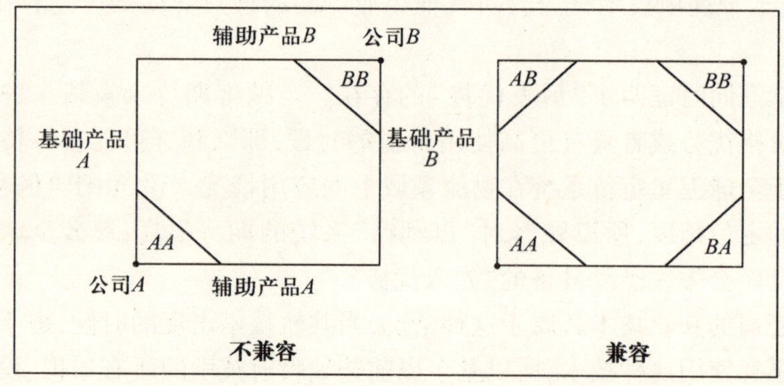

图2-5 产品互补情况下销售量的提高

其次,产品之间的兼容性可以避免价格竞争。只要不同企业生产的产品互相不兼容,那么产品的价格就很难降低。如果在一个行业内采用相同工业标准,那么当一个部件降价的话,所有包含这个部件的产品的销售量都会提高。同时,如果其中一个企业采取降价策略,那么生产该同种产品的其他所有企业都需要跟着降价。

第三,工业标准会改变"消费者剩余(Consumer Surplus)"的分布。产品互不兼容的情况,对于一部分顾客会有好处,但是对于其他一部分顾客会有坏处。

第四,也是特别重要的一点。通过 M2M 技术的应用,在考虑产品互补性的时候,利用机器之间的网络化可能会有全新的辅助产品和服务出现。例如,一个门禁系统可以和利用手机控制的身份识别方式连接起来,以实现下面全新的服务:

(1) 当进入房屋的时候,房间里灯光的亮度和颜色可以自动根据预先的设定而设置;

(2) 当有人非法进入房屋的时候,房屋主人的相关设备上可以立刻自动地收到相关警报信息;

(3) 包括孩子在内的所有居住人员进出房屋的时间都可以被自动保存,并且可以在任何时间进行查询;

(4) 特定的人员可以从远程打开和关闭门禁;

(5) 佣人、保姆或其他人员进入房屋的时间及间隔可以被自动记录下来。

为此,无论如何门禁系统的通信协议必须和房屋主人的移动电话相互兼容。可以通过行业标准来实现成本优势和提高兼容设备的可用性。

产品策略的目的在于通过 M2M 网络来尽可能地提供有价值的、新的辅助产品和服务。

欧盟的自动紧急救助电话呼叫系统就是一个与产品策略有关且基于行业标准来提供辅助服务的实例。到 2010 年 9 月,欧盟所有新的交通工具都必须安装自动紧急救助电话呼叫设备,以便在出现事故的时候能够自动发送救助信号。

这项 M2M 技术可以非常好地用在许多其他的辅助服务中,如故障援助、车辆跟踪、钥匙丢失时启动汽车、安全监控等。

应用网络战略

至此为止,所有前面讨论的设备(方法)都基于一个规则,即制造商只能在两种不兼容的技术中选择,要么选企业专有标准,要么选行业标准。

除此之外还要考虑另一种情况:多个企业可能会生产同一种产品。在这种情况下,该产品的普及速度比一个企业生产的情况要快并且达到临界质量点的速度也可能更高,这样该产品就涉及到所谓的"跨企业标准"的问题。

对于一些如M2M行业的新兴行业来讲，跨企业标准将决定企业之间的竞争结构。这是显而易见的，因为在通往行业标准的道路上，首先只会有一个企业来标准化他们的产品，然后其他企业在进入的时候则需要进行决策，是否接受第一个企业的标准，从而形成跨企业标准，最后在下一个阶段才可能形成行业标准。

在其他一些情况下，可以通过制定相关的法规来实现产品的标准化。自动紧急救助电话呼叫系统就属于这种情况，欧盟内的所有相关企业都必须根据特定的法律规定，在他们的产品上安装相应的通信系统。

阿克塞尔·格兰仕描述了企业标准、跨企业标准和行业标准的发展历程[18]。

阿克塞尔·格兰仕在其网络效应的动态多阶段模型中研究了企业如何应用跨企业标准作为其竞争方法，也从中证实了一个跨企业标准在何时会成为一个行业标准。

这个研究不仅与企业面向竞争时的兼容性决策过程及由此产生的网络结构有关，也与顾客的消费期望和产品的不同竞争者之间的合作有关，这同样也涉及到试用率的基本意义。由此，产品战略（兼容性结构和价格战略）和竞争方法（网络战略）就有机地联系起来。

下面将分析“阶段博弈”中三个竞争性企业的标准化决定，这三个企业提供了三种可以互相替代的产品。

跨企业标准化策略

当一种产品已经达到一定普及化程度的时候，企业之间可以通过实施跨企业标准化来提高他们产品对顾客的吸引力。当两个不同的企业所生产的同一类产品之间能够相互兼容的时候，那么对于未来的消费者来讲，这种产品的网络效应会增加。

例如，未来用于电动汽车的400V三相标准插头就是一个跨企业标准的例子。不同品牌的电动汽车在充电的时候不应该使用各自特殊的充电器，为此德国的一些制造商和电力集团都已经使用了这种三相标准插头，目前还在期待欧盟内其他的制造商也采用这种标准。

与这种三相标准插头竞争的是蓄电池更换系统。在这个系统中，电动汽车可以用消耗完的蓄电池在更换站处直接换一个同样标准的充满电的蓄电池。这样，电动汽车的“加油过程”只需几分钟就可以完成。法国雷诺汽车公司认为，只有通过这样的方法才能够完全突破目前电动汽车行驶距离过短的局限性。相比一辆加满汽油的汽车至少能够行驶600km的距离来讲，目前使用最好的锂电充电电池即使以非常平稳的驾驶方式也才仅仅能行驶150km，而且每次电池消耗完后所需要的充电时间非常漫长[19]。所以加利福尼亚的基础设施集团Better Place开始了一个试验项目，即在以色列建立了大约120个这样的电动汽车充电站[20]。Better

Place 集团计划在 2016 年之前为他们的顾客从雷诺汽车公司订购大约 10 万辆电动汽车[21]。

这种发展对电动汽车在充电过程中进行基于 M2M 技术的消费结算具有重要的意义。在使用三相标准插头的情况下，可以在任何地方（路灯、停车场和超市等）安装带有自动结算功能的电动汽车充电设备，届时 M2M 技术将是这个世界的重要组成部分。

在使用电池更换系统的情况下同样可以应用 M2M 技术。可以设想的是，每个电动汽车充电站只需要每月给他们的顾客发送一次消费账单就行。在这种情况下，将会出现不具有 M2M 功能的跨企业标准和具有 M2M 功能的跨企业标准之间的竞争。

假设生产者 *A* 和生产者 *B* 生产的电动汽车都使用相同标准的三相标准插头，那么生产者 *A* 的顾客不仅可以使用生产者 *A* 构建的充电网络，同样也可以使用生产者 *B* 构建的充电网络（图 2－6）。

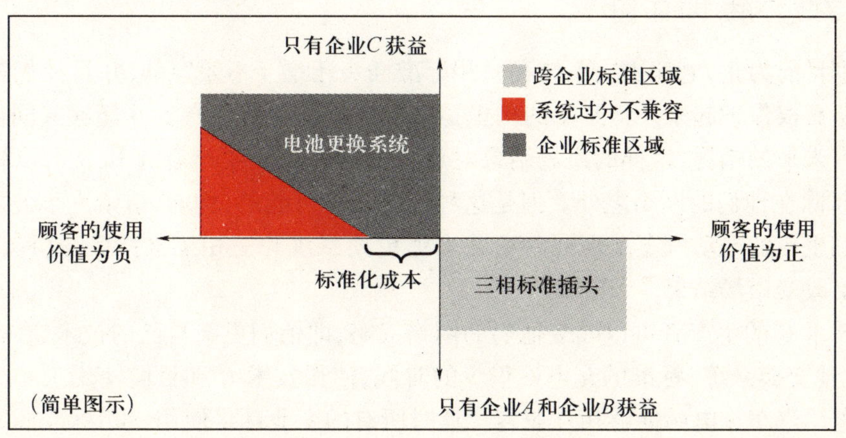

图 2－6　跨企业标准和企业标准

通过实施跨企业标准可以提高电动汽车充电站的密度和增加这两个电动汽车生产者的售后维修点，这样他们的顾客都可以享受到网络效应的好处。

为了分析跨企业标准所能带来的福利效应，下面将对两种可能的结果进行对比分析。

情景 1：使用三相标准插头的跨企业标准。当运营的电动汽车充电站的网络优势已经非常明显，并且跨企业标准化的成本不是很高的时候，将会出现这种情况。

如果产品成本优势、标准化成本和网络优势都允许，并且生产者 *A* 和生产者 *B* 都选择这种网络策略的时候，那么雷诺汽车和 Better Place 在使用他们的不兼容技术进入市场的时候会遇到阻碍。

跨企业标准和企业标准

情景2:使用“电池更换系统”。对于企业赢利提高能力来讲,如果标准化成本过高或者技术 *C* 的成本和功能优势非常显著的时候,将会出现这种情况,如雷诺汽车公司和 Better Place 集团的电池更换系统。这时候跨企业标准 *AB* 将不会出现。

这样可能会带来对社会经济有害的、过度的不兼容性。例如,在一些顾客已经使用了带有三相标准插头的电动汽车之后,未来还是必须采用电池更换系统。

当电池更换系统具有了足够的成本优势和功能优势,并且当这项技术进入市场之后所有新顾客都愿意选择这项技术的时候,就会出现上面的情况。

在这种情况下,尽管其他的企业和顾客也有可能通过跨企业标准(三相标准插头)获得益处,但是雷诺汽车公司和 Better Place 集团还是可能会阻碍跨企业标准的发展,同时选择“电池更换系统”这种策略。

行业标准试用策略

到目前为止,电池更换系统和三相标准插头还是互不兼容的,并且他们都被专利和所有权保护起来。情景1的构想是基于生产者 *A* 和生产者 *B* 能够共同自主决定所有未来的销售,这样的市场结果对双方都有好处。生产者 *A* 和 *B* 可以将生产者 *C* 排除在他们的网络之外。但是这种排除是不可能的,例如,雷诺汽车公司可以在他们生产的电动汽车里面同时安装电池更换系统和三相标准插头,这样将会从根本上改变市场结果。

技术 *C* 的生产者可以改变他们的网络战略,即他们更新自己的技术,在符合他们“电池交换系统”标准的充电站很少的时候,使得技术 *C* 和目前使用三相标准插头的电动汽车充电站能够相互兼容。这时所有的企业都将使用三相标准插头作为行业标准。在这种情况下,所有的三个生产者都将使用他们互相兼容的产品进行竞争。

即使在这种情况下,如前所述,当电池更换系统具有足够的成本优势和功能优势时,也可能会出现下面的情况,即根据经济学理论,这时雷诺汽车的电池更换系统将具有价格上的优势,那么有可能所有的顾客都会去购买和使用与三相标准插头的电动汽车充电站能够相互兼容、同时带有电池更换系统的雷诺电动汽车。

更有可能出现下面的情况,即当既有很多使用三相标准插头的电动汽车充电站,同时也有很多符合“电池交换系统”标准的充电站的时候,雷诺汽车可以同时享受到这两种技术的好处:一方面可以享受到电池交换系统的快捷,另一方面可以在附近没有电池交换系统的时候,仍能在使用三相标准插头的电动汽车充电站使用三相标准插头慢慢进行充电,同时通过 M2M 进行消费结算。

但是这种状态是生产者 *A* 和生产者 *B* 所不能够接受的。他们意识到,生产者

C 可以在兼容性方面从市场中排挤他们，所以生产者 *A* 和生产者 *B* 将不会选择跨企业标准，而会选择和电池更换系统标准完全不同的、非兼容的电动汽车和相应的充电站。

在市场上，这种产品之间的过度不兼容性正在明显增多。当一个标准不能够受到所有权保护的时候，这种对于社会经济有害的市场结果会逐渐增加。反过来讲，这也同时说明了另外一层意思，即只有跨企业标准对市场上所有的企业都是公开的时候，它才能够给每个企业带来好处。这对于 M2M 系统的建立也具有重要的意义。在不同应用领域中，M2M 技术相关标准的建立途径也是不一样的。

可以通过一个或多个国家来制定一项 M2M 技术标准，例如，M2M 技术在交通管理和 Car2X 中的应用就属于这种情况（参见第 3 章）。

也可以通过一个行业内的多家企业来共同制定 M2M 技术标准，例如，M2M 技术在建筑管理和能源管理中的应用（参见第 4 章）。

还可以通过不同行业内的多个企业来共同建设 M2M 技术标准，例如，M2M 技术在移动支付中的应用（参见第 5 章）。

另外的可能是，一个主导性企业对于其整体价值链建立一个 M2M 技术标准，例如，M2M 技术在贸易中的应用（参见第 6 章）。

最后还有一种可能，就是通过 M2M 技术的应用出现一种全新的商业模式，例如，M2M 技术在汽车共享和远程控制方面的应用（参见第 7 章）。

第 3 章
建筑管理和能源管理

智能家居、智能电网和智能电表

目前,环境保护和能源问题是世界范围内的关注要点。随着世界经济的快速发展,各个国家对能源的需求越来越高,这一方面导致了环境压力越来越大,另一方面也导致了全球范围内的能源价格越来越高。近年来,这种发展不仅给政治,也给能源行业带来了很大的影响。针对环境保护和能源消耗问题,各个国家都出台了很多新的、相应的法律法规。

能源行业内的许多企业都在寻求如何挖掘降低成本的潜力的同时,也考虑着如何平衡昂贵的负载高峰和需求低谷之间的平衡。为此提出了一个新概念,即"智能电表",从其英语的字面来看,"智能电表"是"智能测量"的意思。从广义上来讲,"智能电表"可以用于电力、集中供暖、天然气和水资源的测量。"智能电表"和传统的电表之间的区别在于智能电表可以实现双向通信。双向通信可以通过如公用电话交换网(Public Switched Telephone Network,PSTN)、全球移动通信系统(Global System for Mobile Communications,GSM)、通用分组无线业务(General Packet Radio Service,GPRS)或者局域网的数据交通实现。使用这种电子测量设备之后,用电消耗将直接通过电子的方式传递到电力公司,那么传统上每年读取一次用户用电消耗量的做法将变得多余。另外,用电消耗将以数字的方式进行存储,并且通过这些数据可以进行高峰负载等评估。

在很多场合中,智能电表将起到一个"网关"的作用,它主要用作使用不同通信协议的系统之间的接口。在实际应用中,电力和天然气的测量数据通过一个总线系统向此"网关"传送,在"网关"这里收集和处理传送过来的测量数据,最后这些数据可以通过数据网络进行传输。这种不同能源消耗数据的整合也可以称为多功能系统(Multi - Utility - System),图 3 - 1 为沃达丰的公用事业解决方案组合。

对顾客来讲,更换智能电表的成本并不是很高,只需要用这种新一代的电子式智能电表替换老式电表就可以了。智能电表中同时集成了通信模块。电力消耗数据可以按秒实时进行传输并且可以在本地网络中根据"电流雷达软件(Strom -Ra-

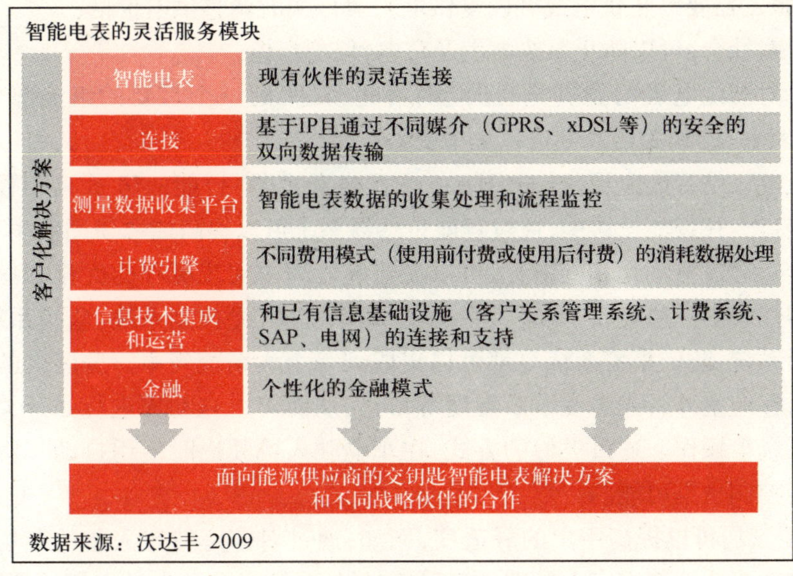

图3-1 公用事业解决方案组合

dar - Software)"进行分析。顾客可以通过网络平台每15分钟观察一次他们的电力消耗数据。另外,可以以天、月和年为单位对他们的历史消耗数据进行分析,这对顾客来讲具有非常重要的意义,因为顾客可以根据该分析结果调整他们使用电力的方式,从而节约电力消耗成本。另一个比较有意义的应用是通过短信服务(Short Message Service,SMS)来实现警报功能。

使用智能电表可以提高顾客服务水平。通过网络平台等接口,用户可以随时获得他们的电力消耗数据,这样用户就不需要花费很多的个人精力在电力账单上,同时通过这个接口,顾客可以随时获得降低电力消耗的实用性建议。

另一个值得关注的是"空转损失",也就是"待机功耗"。传统的电表很难反映出家用电器在待机的时候所消耗的电能,所以很多家庭用户对此并不注意。通过智能电表,用户可以很方便地查看家用电器在待机时的电能消耗情况,那么待机功耗就会引起用户的注意,用户在使用家庭电器的时候就会尽量不让一些家用电器一直处于待机状态。这样一方面可以减少用户的用电费用,另一方面也有利于环境保护。一般来讲,智能电表也是提高用户积极参与市场行为的一个前提。家用电器在安装相应智能模块和数字分析模块之后,就可以向用户提供动态的用电计价方法,例如,用电需求较低时的电力价格比用电需求较高时的电力价格低。

智能电表有下面一些优势。

(1) 对终端用户:透明,舒适,可以分析电力消耗,提供节约能源的动力(价格方面)和建议,是智能设备等;

(2) 对能源供应商:较好的电网管理,降低流程费用,连接客户,电表远程控制

（如可以根据需要终止供电或者恢复供电），可以实时调整供电价格；

（3）对社会：可以防止篡改电表及窃电，保护环境；

（4）对智能电表的投资是通向“网络化家庭”的一个首要的组成部分，所以“网络化家庭”的相关行业都可以从中受益。

智能电表是智能家居（Smart Home）（智能家居即“智能的房屋”）和智能电网之间的接口。在智能家居中，通过智能传感器系统可以提高能源使用效率、居住质量和安全。通过自动化和网络化，可以在建筑管理中实现流程的优化和挖掘节能潜力。房屋中的一些设备，如暖气系统、空调系统、灯光控制系统、监控系统、能源消耗测量系统、防盗报警系统等都可以集成到一个大系统当中。房屋内的传感器可以实时感应室外日光强度以及温度等信息，从而可以自动地进行如开关窗帘或者暖气系统等操作。通过类似的方式，在车辆驶入或驶出时使用自动车牌识别系统来进行控制也是可能的。

智能家居可以提高用户的舒适度，例如，通过对家庭特定人员的在场识别技术可以实现当该特定家庭人员进入房间的时候，能够启动预先设定好的房间氛围，如灯光颜色、特殊的背景音乐以及其他的特定场景。再例如，可以通过中央控制系统来控制销售连锁企业不同分店中的氛围，通过互联网可以随时访问和使用在中央服务器中存储的信息，这样连锁店的不同分店之间的信息可以实时进行对比分析。

相对于传统电力输送系统来讲，智能电网如同智能电表一样（图3－2），可以进行双向的数据通信并且可以满足非常复杂的电力操作需求。目前，一些分散的小型发电系统，如风力发电系统和太阳能发电系统的数量越来越多，但是由于这些

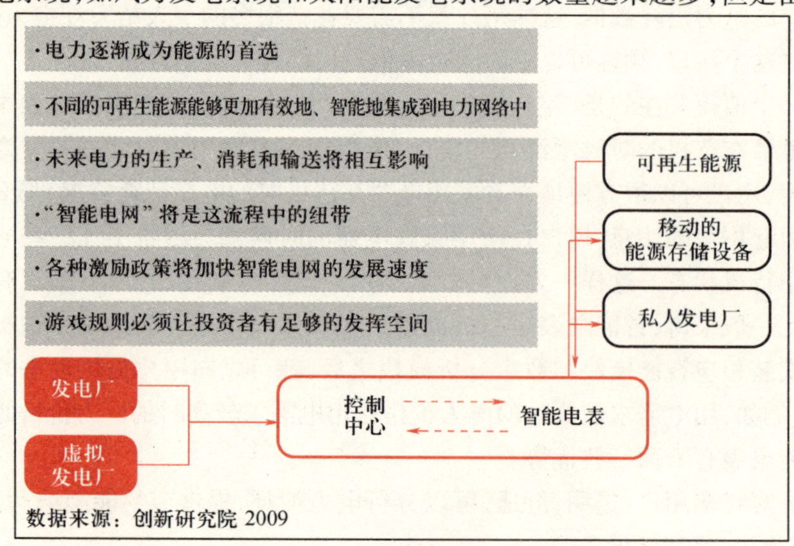

图3－2 智能电网

小型发电系统在能源供应方面非常不稳定，所以随着小型发电系统的发展，必须有一个不断扩大的同时能够将小型发电系统联系在一起的网络。

智能电网是根据整体组织原则完成电力能源的智能控制、负载分配、存储和产生的基础。通过智能电网，能源供应商不仅可以从远程读取和分析终端用户的实时用电消耗，并且可以节约管理成本，更好地进行供电网络规划，简化用电消耗读取流程，根据需要随时终止供电或者恢复供电，快速识别窃电现象，实时调整供电价格以及及时调整供电量。德国杜塞尔多夫市消费者中心的能源顾问彼得·布兰克（Peter Blenkers）认为，“在未来绝对是可以实现供电封锁或者限量供电的”[22]。另外，通过智能电表的硬件和软件实现连接顾客的潜力也是不能低估的。

与智能电网有关的首先是传统发电厂，它们向电网中输送了大部分的电力资源。能源市场的发展提供了一种新的发电厂形式，即“虚拟电厂”。越来越多的私人电力用户不仅仅通过电网消耗电力，还通过如光电发电设备或者德国希望之光公司（LichtBlick）和大众汽车公司共同研发的“热电联产（Blockheizkraftwerk，BHKW）”等设备反过来向电网中输送电力资源。在“虚拟电厂”中，这些小型的发电设备在组成一个集群之后，可以向电网中输送非常可观的电力资源。智能电网在中间作为开关中心和控制中心，通过智能电表和消费者进行互相通信的同时来调整能源流量。例如，电动汽车的一些动态能源储存系统未来可以与智能电网连接在一起。

发展现状

真正意义上的智能家居现在已经出现在我们的日常生活中。2005 年初在慕尼黑开始了一个名为“现代家居（Haus der Gegenwart）”的智能家居项目。该项目使用一个面积为 $200m^2$ 的家庭住房，所有的实施成本控制在 25 万欧元之内。房屋中的所有家电均采用中央控制方式，屋主即使在路上也可以通过移动电话或者笔记本电脑随时控制房屋里的设备。除了可以实时了解到房屋状态外，屋主还可以远程控制灯光照明、窗户、大门、百叶窗、暖气系统及花园灌溉。通过无线传输方式，屋主可以知道房屋的任何成员在哪一个房间里以及处于房屋的哪一个位置。在有新电子邮件到达的时候，该信息可以通过智能家居系统在离接收者最近的显示屏上自动显示。灯光、室内温度以及背景音乐等可以根据预先设定的每一个家庭成员的喜好而自动调整。

当然，这仅仅是一个试验性项目。目前建设这样智能家居的费用还非常高昂，所以这些应用还不能在大范围内普及开来。另外，将各种家庭设备连接起来的自动化网络还需要一个统一的标准，以便使相应的通信传输成为可能，这个统一的标准，目前也还需要进一步完善。

尽管如此，在很多现代化办公室里面已经出现了各种各样的 M2M 应用，这些 M2M 应用可以帮助办公建筑节约部分成本，如建筑管理成本、能源成本等。正如前面所提到的那样，这些系统要在私人住宅中普及开来的话，还需要很长的时间。但是这种机会已经存在于很多方面，如自动通风系统、阳光保护系统和空调系统等，已经有很多企业在进行与这些系统相关的试验。这些系统可以通过传感器自动识别和分析外界环境，并且可以根据分析的结果自动采取一些行动。目前在这个市场领域的创新活动非常活跃，特别是远程控制方面受到了特别重视。通过移动电话，人们可以自动锁门，可以通过互联网远程查看房屋的实时状态，甚至可以通过互联网在线开或关某一个房屋设备。在市场上将会逐渐出现围绕着智能家居的更多应用。

目前市场上智能电表领域内的动态性也得到了发展。30 年前在美国就已经出现了应用广泛的、通过无线电来读取用户用电消耗的电表，但是电表的双向通信还是在最近才开始出现。

目前，一些北欧国家成为了欧洲范围内的关注热点[23]。2003 年，瑞典政府宣布，从 2009 年开始必须每月读取一次用电消耗。为此，大瀑布电力公司（Vattenfall）、Forturn 公司和意昂集团（E. ON）加大了它们的努力，不仅在瑞典，同时也在芬兰推动智能电表的实施和应用。为了推动智能电表的发展，丹麦从 2004 年开始实施了一项雄心勃勃的项目，即计划到 2011 年，全国范围内实现安装 64 万个智能电表。与些同时，挪威也颁布了一项相应的法律来推动 M2M 技术在能源领域的普及，即到 2013 年安装 260 万个智能电表。德国从 2010 年开始也已改变了对智能电表的态度，德国智能电表的发展现状如图 3－3 所示。同样，各国政府对于智能电表都加大了推广的力度，例如，荷兰计划到 2017 年安装 1200 万个智能电表；西班牙计划安装 2000 万个智能电表（实施时间未定，仍在计划中）；法国计划到 2017 年安装 3500 万个智能电表；英国计划到 2020 年安装 4500 万个智能电表；葡萄牙计划安装 600 万个智能电表（时间未定，仍在计划中）；芬兰计划安装 25 万个智能电表（时间未定，仍在计划中）；匈牙利计划在中小型企业中全面引入智能电表；奥地利和爱尔兰也有类似的计划。一个关于能源使用效率和能源服务的欧盟标准正在起草，其中规定，在未来，能源服务商必须向他们的用户提供真实的能源消耗和用电时间信息。

随着 2008 年 9 月颁布的开放计量法律的生效，仪表操作从电力运输和销售的整体价值链中分离出来，更多的企业可以参与到电力仪表操作领域中。根据德国能源经济法规第 21b 条的规定，从 2010 年 1 月 1 日起，所有用户都必须安装能够反映用户实际用电消耗和用电时间的电表。这一方面带来安装新电表的市场，另一方面也因此出现了很大的电表维修市场，所有的用户都需要这种电表。另外根据能源经济法规的第 40 条规定，到 2010 年 12 月 30 日为止，所有的电力供应商都

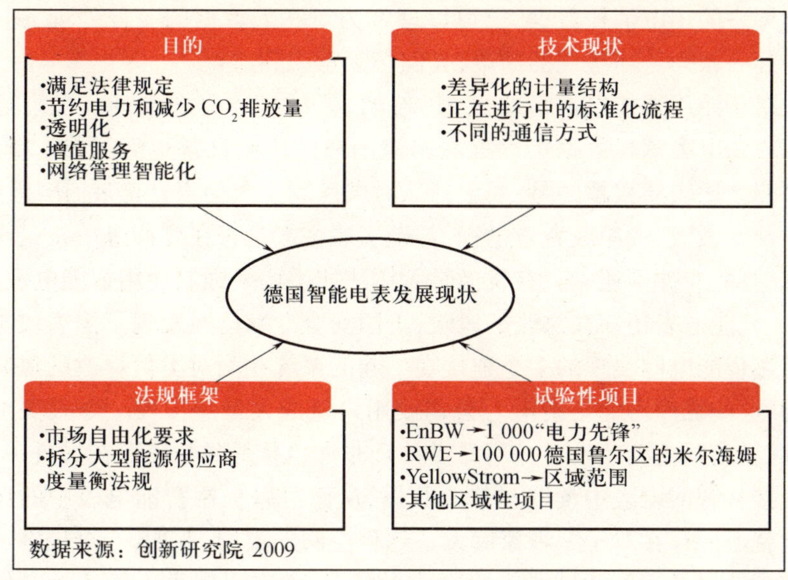

图 3-3　德国智能电表发展现状

必须能够根据电力负载状况和时间段来提供不同的供电价格。德国能源和水资源协会还不能指明一条到达全面引入智能电表和相应投资动力及投资安全的道路，看起来临界质量点的到达还需要很长的时间。虽然目前在德国人们可以发现一系列由恩博公司(EnBW)、意昂集团和大瀑布电力公司实施的试验性项目，但是只有 YellowStrom 公司已经在全德国范围内提供智能电表。所以，德国在智能电表方面的发展还远远落后于其欧洲邻居：意大利已经有 3000 万个智能电表和 2000 万个规划中的天然气智能测量设备，瑞典已经有 520 万个智能电表，这些国家才可以说已经实现了智能电表的全面引入。除了欧洲，美国在智能电表市场中的发展也很不错。

根据派克斯(Parks Associate)的研究人员计算，美国目前大约有 200 万个智能电表[24]。在加拿大、澳大利亚和新西兰，智能电表的发展也取得了很大进步。联合商业情报公司研究中心估计，在 2007 年，全世界范围内大约有 4900 万个智能电表，现在这个数字应该已经达到 7300 万个[25]。

联合商业情报公司研究中心估计，在 2007 年，全世界范围内大约有 4900 万个智能电表。

虽然 M2M 技术在智能电表和建筑管理方面具有很多优势，但是目前对此还存在一些批评的声音和关键问题。

智能电表是 M2M 技术的一个应用，但是更深入研究的话，智能电表不"仅仅"

用于传输用户的用电消耗数据，更可以理解为对私人数据的一种处理，因此，它的使用要受到一系列法律法规的约束，人们必须意识到这点。

用户对于使用智能电表后将成为“玻璃人”的担心是非常现实的。通过收集和分析用户的电力消耗数据可以推断出该用户的一些日常生活习惯。例如，一些第三方可能会比较感兴趣的是，一般什么时候房屋主人会离开房屋，房屋主人一般什么时候开始做饭、洗澡或者看电视，甚至房屋主人是否在度假等。正是考虑到对这些隐私的保护，德国还一直在犹豫是否用法律手段来强制使用智能电表。

另外，智能电表还存在篡改的风险：美国安全专家已经发现了黑客攻击的潜在威胁。通过智能电网实现的多个连接在一起的系统在面对类似篡改的风险时是非常脆弱的，这些篡改可能会给电力公司或用户造成大量的损失。令人更加担忧的是，要完成篡改所需要的设备并不昂贵并且非常容易得到。还存在另外一种风险，即可以直接从智能电表中读取和修改数据，从而可以控制智能电表中的用电数据信息。这就可能存在对于一种家庭设备远程控制的滥用，例如，一个黑客可以在冰箱已经装满的时候还继续订购一些冷冻食品，或者在房屋主人休假的时候启动一些电器设备。

根据人们在信息行业的经验，只要是网络都可能被黑客攻击，所以智能电表的安全问题必须引起重视。

成本也是智能电表和智能电网不能够获得快速普及的因素之一。智能电表和智能电网的普及不仅仅是安装一个智能测量设备，而是需要一个相应的基础配套设施，例如，为了能够实现智能电表和智能电网的双向通信原则，则需要一个双向通信网络。

另外，不能够忽视的是这项技术的复杂程度以及由此对技术标准的需求。欧洲的一些研究分析已经表明，在欧洲范围内对所有 M2M 应用采取一个统一的解决方案是根本不可能的，因为各个企业解决方案的工作流程和方式千差万别。目前在不同的国家都出现了各种“孤岛式”的解决方案，这对于不断发展的跨国家网络化将可能是一个问题。不同的解决方案在不同的情况下所需要的通信网络也是不一样的。目前对于长距离的数据通信传输主要采用通用分组无线业务和数字用户线路(Digital Subscriber Line，DSL)方式。对于数字用户线路方式，虽然它可以实现更高的数据传输速率，但是其安装成本比较高并且在很多地方都无法使用。近距离的数据通信传输主要采用无线网络，如无线局域网，或者其他的有线通信技术。因为在房屋中附加安装其他有线通信技术的通信设备的成本非常高昂，所以除非是新建房屋。在已经建造好的房屋中由于成本的关系，数据通信传输主要还是通过无线网络。

总的来讲，目前存在的技术标准还不能够保障智能家居、智能电网和智能电表等系统的运行稳定性，并且它们所有可能的应用领域之间也无法实现相互操作。

预测和前景

根据瑞典市场研究公司 Berg Insight 的研究,2008 年仅仅在欧洲就存在大约 2.52 亿台电表、1.05 亿台天然气表和 300 万台远程暖气测量设备[26]。派克斯通过分析计算预计到2012 年在美国将有大约600 万台智能电表[27]。到2015 年仅根据美国地方政府推行的15 个项目就计划安装4100 万台智能测量设备。根据摩根斯坦利研究机构(Morgan Stanley Research)的分析,智能电网将会以每年 8.8% 的速度进行发展。博斯公司(Booz&Company)领导层成员罗尔夫·亚当(Rolf Adam)认为,为了发展智能电网,德国能源供应商计划到2020 年投资 150 亿欧元~250 亿欧元[28]。虽然目前几乎所有的建筑都在使用电力能源,但在荷兰、英国、德国、法国、意大利和波兰使用天然气作为建筑的能源变得越来越普及。因此智能电表应用领域的发展潜力非常巨大。智能电表在欧洲发展的预测如图 3-4 所示。传统的测量设备必然逐渐被新的智能测量产品所替代,这也就给市场参与者在连接客户方面提供了一条新的道路。届时将不再只有电力被输送,而且通过测量市场的开放,智能电表还可以同时集成预测和监控软件。

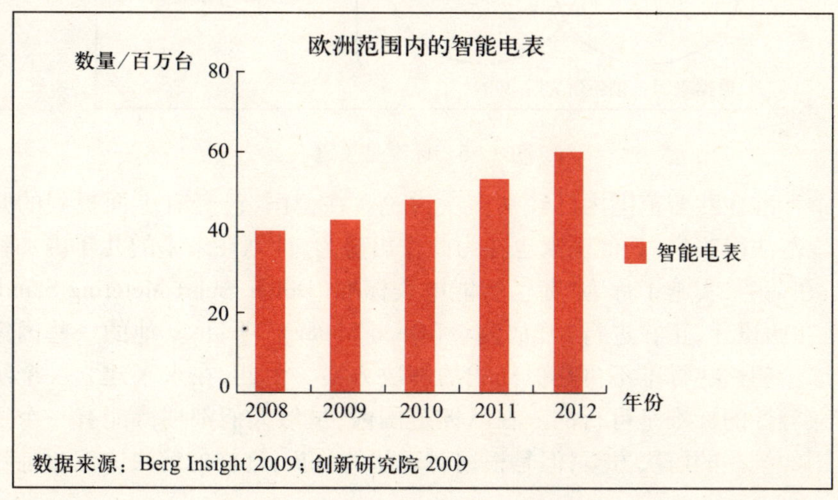

图3-4　智能电表在欧洲发展的预测

目前采取不同的方式在智能电表中集成其他不同的系统:一种可以在测量仪器本身显示和分析用户在不同时间段内的消耗数据;另一种可以通过如数字用户线路等技术定期把用户的数据远程传送到能源供应商。其他的数据传输技术也有一定的发展潜力,例如,移动电话网络可以用于数据的远程直接传输,同样具有数据传输技术的混合解决方案也可以用于近距离的数据传输,未来也有可能出现一些其他的数据传输方式。不同应用场合如市中心或者郊区,对数据传输技术的要求也是不一样的。

对于测量设备的本身还要特别注意的是：电力供应商目前倾向于在测量设备中集成其他通信单元。当用户喜欢其他供应商提供的测量设备时，电源供应商的测量设备可以当做一个网关，从其他的测量设备中读取用户的能源消耗数据。

在德国，为了实现全行业内的通信，出台了所谓的开放测量系统规范（Open Metering System Specification，OMS – S），在此领域内跨企业的标准是成功的关键，只有当不同的系统相互之间可以进行通信的时候，才可能实现高效的客户满意度和快速地达到临界质量点。如图 3 – 5 所示。

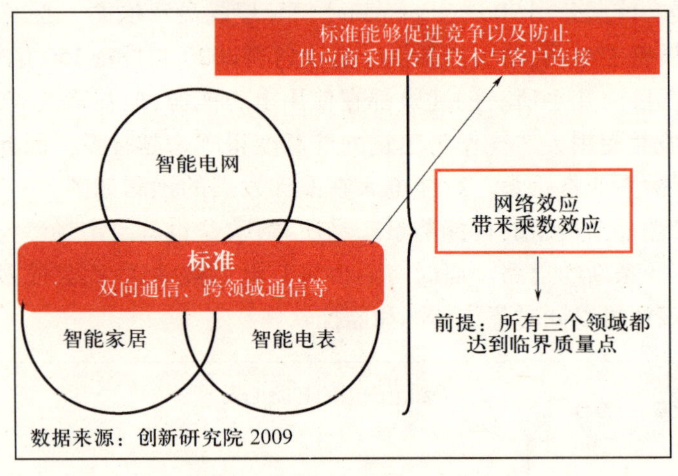

图 3 –5　标准是关键

这个标准在欧盟范围内已经被多次讨论。在德国，已经有上面提到的开放测量系统规范法律法规，其他国家也在为此作出努力，计划在未来的几年内加快标准的制定；在荷兰，实施了称为“荷兰智能电表标准（Dutch Smart Metering Standard）”的项目；在西班牙，正在进行“开放测量（Open Meter）”项目；其他的一些国家也紧跟其后。希望这些标准不再是孤岛式的解决方案。由此，在未来建立一个统一的且具有兼容性的标准是可行的。在欧洲范围内，虽然人们都期待能有一个适用于所有应用的统一的解决方案，但是根据对现状的分析，这样的解决方案目前还无法实现。

在天然气测量方面，人们目前在思考是否可以对天然气也采用千瓦时的测量方式，以便使天然气的测量方式能够和电力的测量方式相适应，这对于测量的标准化具有很大的积极作用。对此需要一个双向的通信，因为当前的天然气燃烧值必须实时地被传输到测量设备上。在大面积范围内使用智能测量设备来测量电力和天然气消耗之后，如果对水资源也能够使用类似方式来进行测量的话，将具有重要的意义。杜塞尔多夫消费者服务中心的能源顾问彼得 · 布兰克认为，“智能电力测量设备以及随后可能出现的完全智能的能源和水资源测量设备将对于节省能源、提高能源使用效率、环境保护和对消费者友好的供应方式具有积极的推动作用。这将是未来的一个重要组成部分[29]。”

通过对能源测量市场的开放，市场上将会出现新的参与者（图3-6）：测量服务商和测量仪表操作。这两个市场参与者位于最终客户和能源供应商之间，由此产生的专业化分工将可以在降低成本方面挖掘出一定的潜力。根据柏林的LBD咨询公司的估算，测量仪表操作和电子测量设备平均运营成本大约为每年每个测量设备43欧元，而智能测量设备的收入可以达到每年每个测量设备54欧元[30]。未来根据不同的商业模式，在网络运营商、能源供应商、测量服务商和测量仪表操作之间将会出现不同的合作方式。根据意大利的经验显示，能源供应商安装智能电表之后可以获得很大好处，2001年—2005年，意大利国家电力公司（ENEL）开展了投资额为21亿欧元的重大项目“Telegstore”，根据这个计划将在3000万顾客中安装智能电表[31]。根据计算，这个项目通过对客户消费习惯的精确分析，每年可以获得的附加赢利为5亿欧元[32]。通过智能电表，能源供应商在未来可以只生产用户所需要的能源，所以，非常昂贵的能源临时存储方案将不再需要。根据对用户消费习惯的分析计算可以得到用户消耗量的日常波动情况，从理论上讲，日常波动可以精确到实时状态。同时，在使用智能电表之后，一些不稳定的因素，包括风、天气、温度、节假日、经济预测等都可以集成到智能电表当中来，这样会使电力生产过程能够更加环保和高效。

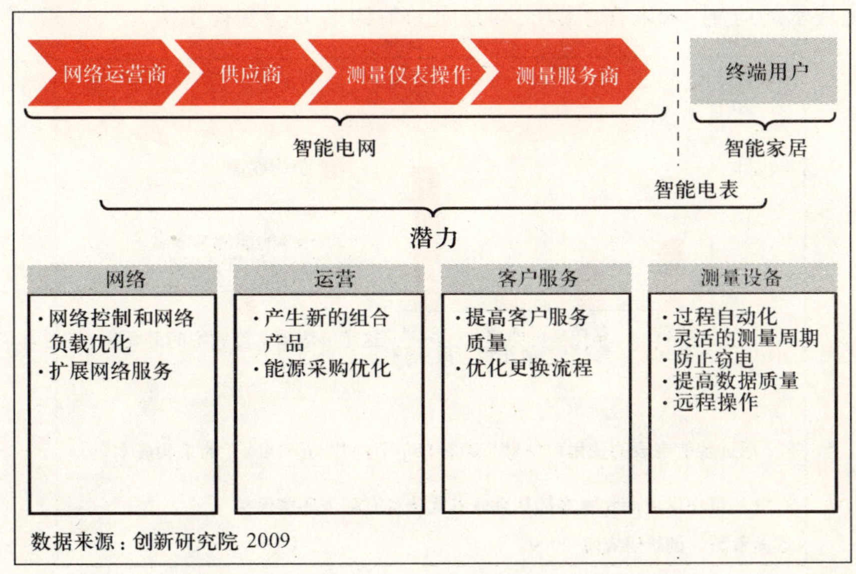

图3-6 未来的价值链

在未来，用户将享受到由智能电表所带来的成本节约和网络灵活性。通过动态的能源价格、非常透明的能源消耗情况，以及其他优惠措施，终端用户能够随时了解到能源消耗的费用情况，并采取相应的措施。通过相互兼容的标准实现的无缝的和仅需要很少安装费用的通信将是能够给顾客提供更具吸引力的供电方式的前提。

智能电网的基础设施扩建和智能电表的大范围内的充分供应可以提高用户试用速度，所以可以很快达到临界质量点。每个顾客都将是他们自己的能源管理者，这不但可以降低他们的试用成本，而且能够对环境保护作出他们自己的贡献。

从2010年开始到目前为止，德国从法律形式上针对促进智能电表和智能电网的快速发展和普及的有关优惠政策还远远不够，所以必须用辅助性的优惠政策进行补充。目前实施的一些试验性项目显示，很少的顾客会对非强制性购买的、免费的智能电表有兴趣，这就可能造成外部力量对这方面的推动不是很强，以致企业创新的动力将会下降，最后会出现很多进退两难的投资[33]。恩博公司预计到2011年将会有45000私人用户开始试用智能电表，已经安装的智能电表测试结果表明，通过使用智能电表，可以节约将近10%的能源消耗[34]。意昂集团分析了在安大略湖实施的“Hydro One”项目的运行数据后得出，平均节约了6.5%左右的能源。只要3%～4%的能源节省就相当于每年节省了15欧元，对于德国来讲，由此所节省的费用足够补偿引入智能电网和智能电表的成本。其他类似的预测表明，相对目前的情况来讲，使用智能电网和智能电表后所能节约的能源应该为3%～20%[35]。LBD咨询公司经过调查发现每个顾客每年可以由此节约的采购成本为7欧元～14欧元[36]。能源消耗减少的预测如图3－7所示。随着采购复杂性的提高以及家用自动化技术的应用，未来在采购成本方面的节约潜力会变得更大。

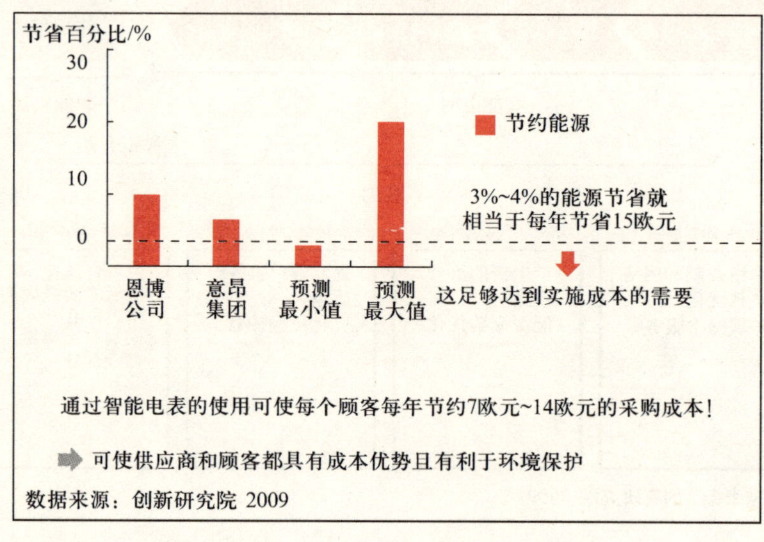

图3－7 能源消耗减少的预测

相对于工业用户来讲，虽然单个私人用户的能源消耗量非常少，但是当许多私人顾客的能源消耗量累积起来之后，将会对发电厂在高峰负载时的发电计划产生非常大的影响。

作为智能电网和智能电表领域内的一个辅助，必须要同时发展智能家居，这样才能充分利用网络效应。

相比人们目前所见到的房屋，“未来房屋”将看起来完全不一样，其中最主要的就是在“未来房屋”中实现了网络化。暖气、警报设备、电视机、电冰箱、气候传感器、人员在场传感器、台灯、扶梯等房屋内的所有设备都将被集成到一个网络中。由此实现了建筑的自动化和个性化，每一个人都可以从中受益。在人们进入房屋的时候，将自动地被在场传感器识别出来，房屋网络系统将可以给这个人一个从温度到灯光照明及其他许多方面的个性化环境。

造成这种发展趋势的另一个原因是人们在自家四面墙之内的应用需求，智能家居在下面 5 个方面有重要应用：食物管理（食物信息和计划）、家庭管理（家庭活动的协调）、家庭办公应用（融合工作和居住）、休闲用品（安全、控制、假日）和网络信息管理。在未来，这些应用将从根本上改变房屋居住人员的行为，为此必须应用新的解决方案，M2M 技术理所当然地将用于这里。早晨当闹钟响的时候，咖啡机已经开始工作，同时面包已经烤好。

由于夜里电价非常便宜，所以当传感器感应到室外温度很低且地下室里的洗衣机刚刚停止工作时，将自动打开暖气系统。所有这些过程将自动进行，人类的舒适程度将明显得到提高。在这样的移动世界中，人们将可以集中精力进行自己的日常活动，并且处理好业余和工作的关系，如此也就可以更好地管理一天的 24h，并可以充分利用时间。

在未来的办公室中也会出现类似的发展趋势。由于不需要在日常事务中花费过多的精力，工作的安排将会变得更加灵活和机动，知识和创造力将发挥重要作用。为了支持人类的创造活动，M2M 技术可以实现一个相应的良好工作氛围，而一个优良的个性化工作环境可以使人们的工作效率得到很大提高。

还需要明确指出的是，只有当智能电表和智能电网以及智能家居能够完全地互相联系起来，才能够实现上述应用。智能电表、智能电网和智能家居中的任何一个单独应用对能源供应商和用户的附加值都非常小，只有当这三个应用都达到临界质量点的时候，才能够充分发挥网络效应的潜力。如果能源供应商不能够单独地控制和分析每个用户的消费行为，也就不能够进行有效的控制和对整个网络的组织，所以单独的智能电网本身意义不大。同样，只有当智能家居和智能电表联系在一起可以互相进行通信的时候，房屋里电源消耗用品才能够自动地根据动态的电力价格进行相应的操作，从而才能够充分地利用智能电网所提供的动态价格优势。

在建筑管理和环境保护领域应用 M2M 技术的时候还必须考虑到数据安全和网络安全。如果数据不能够得到有效的安全保护，那么未来人们将很难接受 M2M

技术的应用。在未来以智能电表为接口对智能电网及智能家居进行网络攻击是完全可以想象的,只有当这个问题能够解决之后,智能电表、智能家居和智能电网才有可能得到成功的应用。

新型 M2M 辅助服务

对于任何行业来讲,如果一项技术已经得到了成功的应用,那么其他后进入市场的技术即使通过几十年的竞争,绝大部分最终还会失败。所以,如果 M2M 想要获得长远的成功,就必须首先达到临界质量点。

前面所述的三个智能领域(智能电表、智能电网和智能家居)只有紧密地啮合在一起之后,才能够充分实现前面提到的互补优势(图 3 - 8)。

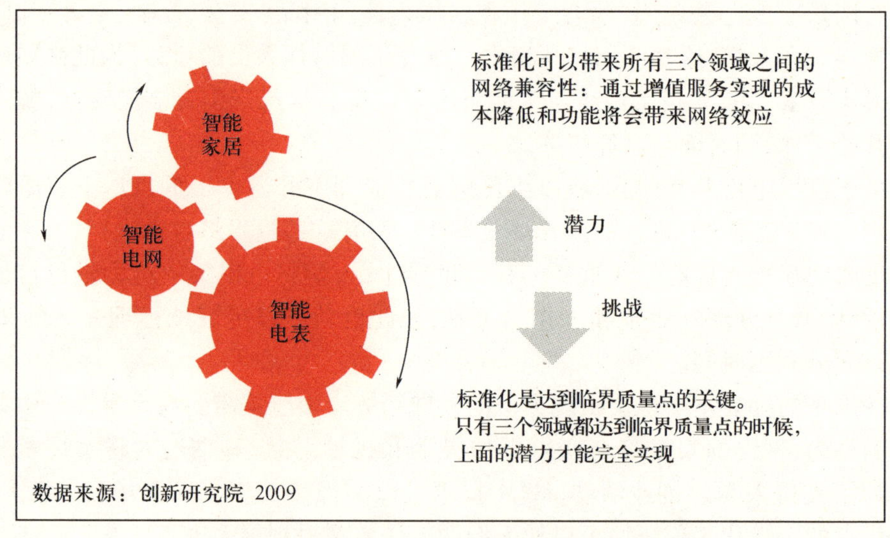

图 3 -8 智能电网、智能家居和智能电表的啮合

由网络效应所带来的巨大潜力不仅能够带来直接的互补优势,也能够带来间接的互补优势。在这三个智能领域充分啮合之后,将产生间接的互补优势。关于直接互补优势和间接互补优势之间的相互依赖关系将在后面做进一步说明。这种依赖关系的一个例子就是在智能电表得到全面普及之后所带来的益处:能源供应企业所能获取到的用户能源消耗信息越多,他就能够推出越多的动态电力价格,这样电力用户就有更多的机会通过灵活的能源管理来降低他们的能源消费,同时用户就更愿意将更多的智能家用电器接入到这种动态的低成本网络中。上述由智能电表和智能电网相互影响所带来的好处就是一种间接的互补优势。

直接的互补优势主要存在于智能电网内部。一个动态电力供应网络的目的一方面在于平衡风力发电和太阳能发电的不稳定性,例如,在风停止或者变弱的时候,风力发电的功率将会降低,在阳光不强或者阴天的时候,太阳能发电的功率也会降低。另一方面,在未来分布式能源供应结构中,借助于一些虚拟电厂来平衡用电高峰。为了达到这个目的,必须将众多的能源供应网络组成部分集成到智能电网中。集成得越多,效果越好。随着不同组成部分的逐渐加入,效果将呈指数方式增长。当所有的组成部分都集成到智能电网后,将可以降低成本以及更好地平衡网络负载,同时还具有重要的社会意义。

这三个智能领域的紧密啮合也给自身提出了很高的挑战,其中任何一个领域的成功都与其他两个领域休戚相关。当智能电表的市场还不存在或者规模很小的时候,智能电网只能通过自身来获得一些好处。这种情况下,虽然电力网络的结构比较灵活,也可以针对能源的需求波动做出一定的反应,但是这种对于需求的预测仅仅是根据人们的经验进行的初略估计,最终电量实际消耗多少还要根据定期的、少量的用户用电消耗读数获得。

一旦智能电表的市场规模变得很大之后,能源供应商和电网运营商就可以实时地获得电力需求,从而可以充分利用智能电网的优势。通过虚拟电厂等额外电路可以对风力发电和太阳能发电波动性进行平衡,这种平衡具有自身的价值,同时将不受上述的跨领域网络的影响。

相反,智能电表也可以从这种动态供电网络中收益。只有在智能电表达到一定规模之后,用户消费实时分析的增值才能够体现出来,如动态用电价格。在用电低峰的时候,能源供应商只需要将一些非中心的电厂连入到供电网络中即可,这样可以降低成本,同时可以在这个时间段内以非常低廉的价格向用户供电。从电力网络运营商的角度来讲,这种由此出现的新兴价格模式具有很大的吸引力。电力用户可以通过智能电表实时读取用电消耗数据,这样就可以随时了解自己的用电消耗,从而可以对自己的收入和支出准确到每一分钱。这对于用户具有非常大的吸引力。从另外一个角度讲,目前实行每月甚至每年读取一次电表数据,那么人们在知道这个数据之前从来不知道自己究竟消耗了多少电力,那么能源供应商之前作出的各种预测数据与实际的能源消耗数据将必然存在或多或少的误差。在电力资源中,不久可能会出现与目前的移动电话付费类似的新支付模式,根据不同的应用范围,可能出现“在一定的时间段内只要支付一定的费用后就可以随便用电”、“按实际消费计费”或者“预付费”模式。通过这些方式能源供应商可以实现对于不同用户群体之间营销方式的差异性,从而提高对用户的吸引力以及自身的竞争力。

为了能够充分利用这种动态电价的优势,智能家居必须能够实现能源管理的自动化。通过这种方式智能电表和智能家居相互影响。没有人愿意设定闹钟在夜里每小时起来一次去查看实时电力价格,然后在电力价格非常便宜的时候启动洗衣机。人们对于通过智能电表对能源消耗的实时性分析具有一个学习效果。但是让一个人整天待在家里来关注能源价格变化以进行能源管理是相当艰难的。未来，智能家居应该承担起这样的任务，即智能家居应该能够自己实现这种学习效果。为此必须将所有的家庭设备集成到整个家庭网络当中，以便可以通过家庭网络对所有家庭设备进行单独控制。当智能家居和智能电表都能够达到它们的临界质量点之后，它们将可以对彼此都产生非常积极的外部效果，从而加速这些技术的传播。

原则上来讲，智能家居本身也可以发挥它自己的作用，例如，通过自动暖气系统、自动换气系统或者自动阳光保护系统已经能够实现自身的一些好处。没有智能电表，电冰箱也可以自动地根据冰箱中食物的状况进行补货。通过对家庭成员的自动识别，智能家居可以使用预先设定的空间氛围，如音乐、灯光等。对家庭成员的欢迎，也可以不依赖于其他的智能领域而实现。但是一个封闭的系统与其他系统连接起来之后的共同作用将远远大于该封闭系统本身。

此时就出现一个新问题，即在智能电表、智能电网和智能家居之间，哪一个应该先达到临界质量点？一般来讲，智能电网和智能家居可以预先自己独立存在，因为它们自身可以实现一些功能（虽然这个功能受到一定限制）。从目前来看，能源供应商和能源网络运营商正在快速提高建设智能电网的速度，并且很快将达到临界质量点，这也肯定会对智能电表的市场产生一个吸力效应，这两个智能领域的网络化将不仅给能源供应商也给最终用户带来降低成本的效果。接下来，人们可以将主要精力用于智能家居的发展方面。目前无论从技术角度，还是从成本角度，在现有房屋里面实施全面的网络化都是比较困难的。刚开始可以在新建房屋或者在房屋改造中使用一些相应的技术设备，一旦智能电表和智能电网达到很大规模的时候，它们就可以加快智能家居的发展。

只有当三个智能领域都达到临界质量点之后，才能够充分发挥它们之间的网络效应的规模，也才能够让所有的市场参与者实现最大的好处。

原则上来讲，达到临界质量点需要三个智能领域之间接口和组件的标准化。如果能源供应商使用专用的智能电表解决方案来获得与客户之间更好的连接的话将令人担忧，因为一旦这些相应的设备由当地的市政安装且人们非常习惯这种服务方式之后，那么即使以后人们使用这个设备的成本提高很多（这个成本不仅仅是金钱方面的成本），他们还是很难再使用其他其实更好的解决方案。全键盘就是这种情况下一个非常好的例子。

这也就说明企业为什么会在刚进入市场的时候会通过非常低的价格来推广这种设备在客户中的应用，就是为了在以后的若干年内获得利润。届时市场上可能会出现一系列跨企业标准并且竞争将局限于电力供应商内部。

为了用户在不同能源供应商之间进行转换的时候不需要花费很高的成本，在测量设备和数据传输之间采用跨企业标准是比较好的。

在智能电网中，标准也具有决定性的作用，只有当所有的能源供应商和用户在同一个巨大网络中互相联系起来之后，才能够获得完全的灵活性和最大的动态性。实现上述目标的前提是各个组成部分之间相互兼容，并且这种兼容要突破国家地理的界限，例如，当北海(Nordsee)的太阳能发电厂在夜里无法发电的时候，可以通过接入正是中午的南非的太阳能发电厂进行补充。

智能家居领域也要实现标准化。只有当建筑里面所有的设备和组成部分都能够在一个网络中互相通信的时候，才能够实现其全部的功能，并且这种标准化也要超越房屋的建筑界限。一个在线的连接必须基于一个兼容的通信协议并且不同智能家居和不同提供商的智能电表的通信方式也必须保持兼容性。

最终标准化的形式会以哪种方式构成是一个比较有意思的问题。目前在德国有四大电力网络运营商，他们占了大部分的市场份额，他们的行为将不仅对智能电网而且对智能电表的发展具有重要影响。这四大电力网络运营商都采用专用的系统来实现他们和用户之间的连接，这样在市场上就存在着很多的企业标准，以至于德国在这方面并不存在一个统一的标准，而是由各种各样的孤岛式标准拼凑而成。这种发展趋势可能会随着大的能源供应集团的国际化而得到一定改善。

反之，由大型集团主导的跨企业标准比较受欢迎。当大集团推出跨企业标准的时候，将可以实现更大程度的兼容性，同时各个小的能源供应商为了能够在市场上继续生存，也必须采用这种跨企业标准，这样就形成了实际意义上的“事实标准”，这将对整个市场起到积极的作用。这种跨企业标准是否能够在全球范围内实现还是个未知数，但是无论从哪个角度讲，这种跨企业标准都具有积极意义。

行业标准将是智能家居能够得到快速发展的关键之一，因为有太多不同的设备和行业需要联系在一起并且需要实现互相兼容，所以通过企业间的合作产生上述的“事实标准”是非常困难的。

尽管如此，人们还是可以通过跨行业和跨领域的试验性项目来推动事实标准的发展，类似于在汽车市场中开展的“德国安全智能移动测试平台(Sichere Intelligente Mobilität Testfeld Deutschland，sim-TD)”和在物流领域内开展的“未来商店计划(Future Store Initiative)”项目。当某个行业内具有主导地位的市场参与者能够通过这种项目来推动技术标准之后，其他一些小的市场参与者为了生存也必须接受这种技术标准。正如前面所讲的那样，企业标准因此将会在市场上彻底地消失。

与技术标准的推动力量(即市场参与者)紧密相关的是价值链中的利益分配。正如前面所提到的，由于能源市场中的新的发展趋势，整个价值链的构成将会发生如下一些变化。

首先是在价值链中可能会出现前面所提到的测量服务商和测量仪表操作。另外如果整个价值链(图3－9)由一些系统集成商组成,那么沿着整个价值链的标准化会变得非常简单。例如,移动电话运营商可以在提供数据传输服务的同时也把其他一些服务集成进来一起提供,甚至包括销售自己的智能电表。同样,能源供应商也可以根据这种方式自己组成整个价值链,从能源生产一直到最终消费。由此可以实现由一个对象提供智能电网到智能电表以及由此衍生的其他服务,同时整个价值链的标准化将不再需要由不同的市场参与者来实现。但是如果整个价值链中存在着许多不同的专业服务商的话,那么要实现价值链整体的标准化将变得非常困难。所以从战略角度来讲,在这个时候如果能够有一些总承包商提供价值链的一些基础支撑设备将具有积极意义。

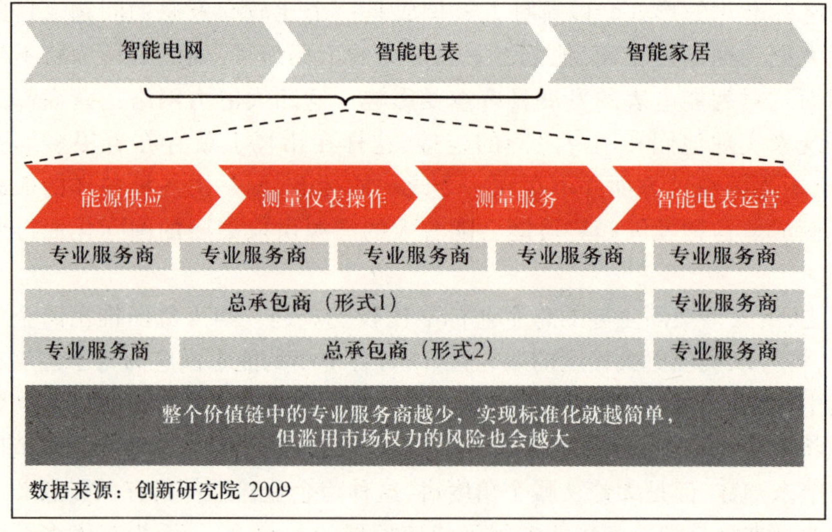

图3－9 价值链

第 4 章

交通管理和"Car2X"

如果交通工具可以进行交流

随着世界人口的不断增长和人们对机动性需求的不断提高,高速公路上和城市中心内的交通流量越来越大。现今大多数德国人在上下班都采用了汽车这一交通工具。根据威斯巴登市统计局的统计,在过去的一年里有 60% 的德国在职人员采用了驾驶私人汽车作为每天上下班的方式[37]。

绝大部分人都有过交通堵塞的经历。交通堵塞在使人们失去休闲和工作时间的同时也给环境带来了沉重的压力。根据欧盟委员会的统计分析,每年由于交通堵塞所造成的社会经济损失高达 174 亿欧元[38]。

交通压力的增加不仅带来了时间和环境问题,也带来了安全问题,这个安全问题越来越受到人们的关注。近几十年来,为了提高交通安全,人们从交通行业和政府管理方面出发,不断应用了一系列新技术和颁布了相关法律法规。

图 4-1 所示是根据德国汽车工业联合会(Verband der Deutschen Automobilindustrie,VDA)在 2002 年按照相关统计数据而描绘的从 1970 年起交通流量和事故之间的关系曲线图[39]。从图中可以明显看出创新对于交通安全的影响,这种创新可能是新技术的应用也有可能是新的法律法规。过去几十年中,诸如安全气囊或者电子稳定装置(Electronic Stability Program,ESP)等提高交通安全的新技术得到了广泛应用。1976 年开始实施了"乘车时必须系安全带"的强制性法规,后来又实施了对交通违规处以罚金等规定,20 世纪 80 年代又将很多交通区域设定为"30km 限速区"。虽然交通流量越来越大,但是通过这些新技术的应用及法律法规的实施,交通事故发生的比例却越来越小。当然除了上述的因素外,人们在驾车过程中的安全意识的不断提高也对此有一定影响。

除了交通安全是 M2M 技术的发展动力外,驾驶舒适性和信息化对 M2M 技术的发展也具有越来越重要的意义。

但是 M2M 技术如何在交通安全、驾驶舒适性和信息化方面提供帮助呢?德国

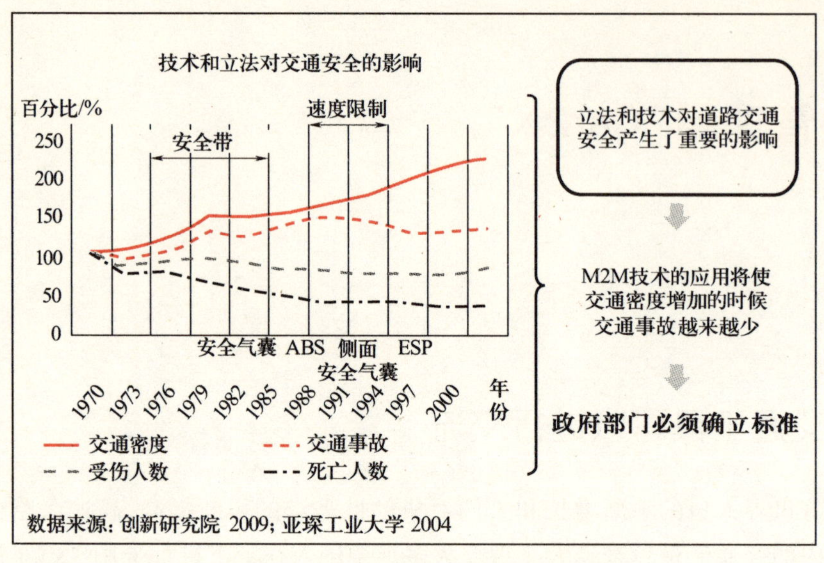

图 4-1 道路安全的历史发展趋势

汽车俱乐部(Allgemeiner Deutscher Automobil Club,ADAC)认为,平均每人每年大约有 65h 的驾车时间处于交通堵塞状态(这种状态目前呈增长趋势),为此大约每年有 140 亿升的燃料被浪费掉,这不仅浪费了大量的有价值的工作时间,也给德国带来每年大约 1000 亿欧元的社会经济损失,所以迫切需要新的解决方案来改善或解决这个问题[40]。空中交通和海运的交通流量也在不断地持续增长,虽然目前在空中交通和海路运输中还很少出现交通堵塞的现象,但是这里需要明确强调的是,交通工具之间的通信不仅仅局限于道路交通范围内,M2M 技术的应用潜力存在于所有的交通工具领域内。

通信模块将在不同的交通工具中用作数据交换的主体,由于交通工具一直处于动态,所以在这里不能使用电缆连接的方式来实现数据传输,对于长距离的数据传输可以通过“通用分组无线业务”来实现,而近距离的数据传输可以使用“无线局域网”等相关方式。

下面将根据很多不同的实际应用案例来说明 M2M 在汽车领域中的应用(图 4-2)。首先是交通通信领域。交通通信这个词包含了交通、通信和信息三个方面的概念,这三个方面的整合提供了一种更好的交通控制方式,并且将会给社会带来变革,也会对经济的增长提供很大帮助。目前社会对交通通信的期望很高,同样这种技术的潜力也非常大。

交通通信的一个特别应用领域是汽车与汽车之间通信(Car to Car, C2C)。通过这种方式,两个汽车之间可以相互交换信息。在高速公路上行驶的汽车 A 可以将它所经过的高速公路上另一侧的交通堵塞状况提前 20 多千米就告诉给在另一

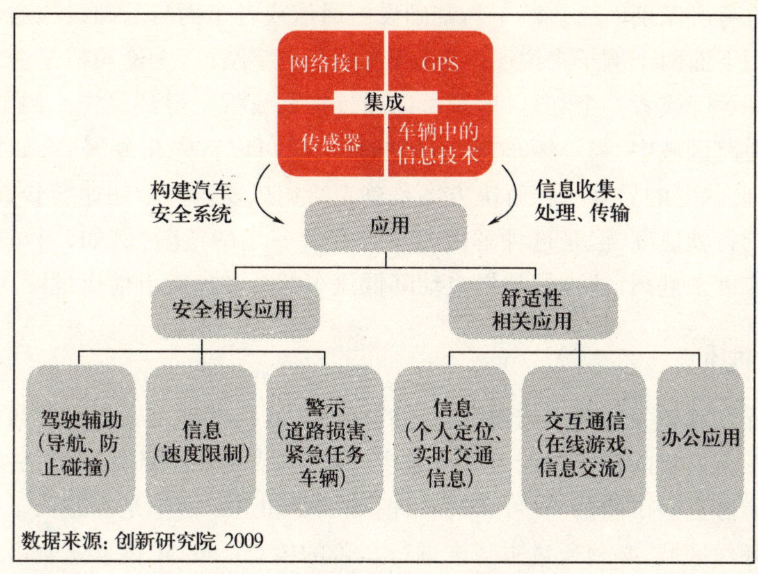

图4-2 M2M 技术在交通中的应用

侧行驶的汽车 *B*,所以汽车 *B* 就可以提前知道它行驶前方的实际交通状况和可能遇到的交通堵塞。汽车 *B* 中的导航系统可以实时根据汽车 *A* 传递来的交通实时状况,为汽车 *B* 提前建议一条其他线路。

你可以想象一下,一个天气非常恶劣的夜晚,在某居民区的一个十字路口(此路口处右侧车辆较左侧车辆有优先行驶权*),路边停放的汽车和大雨严重妨碍了司机的视线。通常,此时司机必须非常慢地靠近这个十字路口,以便能全面观察周围的情况。通过 C2C 将能够使汽车司机所能观察到的范围明显增大。通过无线电可以使司机及时地发现该十字路口右侧来的车辆,从而可以避免危险的发生。这也可以用在铁路和公路的交叉路口,提醒司机可能即将行驶过来的火车。

为了说明 C2C 技术在日常道路交通中应用的多样性和其意义,下面将介绍一些典型的利用 M2M 技术实现的应用和解决方案。下面这 4 个例子仅仅是 M2M 技术在交通管理中应用的非常小的一部分,还存在很多其他的应用场合。

汽车与基础设施通信/车辆与基础设施通信

除了汽车和汽车之间的通信之外,交通工具和基础设施也可以进行相互通信,这在汽车领域内称为汽车与基础设施通信(Car to Infrastructure,C2I)或者车辆与基础设施通信(Vehicle to Infrastructure,V2I)。其基本原则和目的与 C2C 一样,只是

* “右侧车辆较左侧车辆有优先行驶权”,即“右先于左”,是德国道路交通法规中的一条(译者注)。

通信的双方有所区别而已。汽车与基础设施通信或者车辆与基础设施通信的很多应用可以用下面两个例子来说明。例一，在一个十字路口，无论司机是否忽视了一个必停的标示牌或者一个红灯，他都可以通过视觉或听觉得到警告。例二，在有速度限制的道路区域中，当一辆车超速行驶时，司机可以首先得到警告，如警告牌上的灯闪烁；此状况的另外一种解决方案是首先给司机发送一个超速警告，然后自动降低汽车的行驶速度，但是这种解决方案存在着一定的危险，例如，当司机希望通过很高的速度来逃离危险时，如果自动降低汽车的行驶速度可能更危险。

地理栅格

与环保区域相关的地理栅格和上述的交通工具与基础设施之间的数据交换也有着密切关系。目前在德国的大部分城市，汽车都需要贴上环保贴纸，凭着这个环保贴纸才能够进入市内的一些区域。目前如果要知道一辆车是否进入了一个不允许进入的环保区域，必须通过眼睛来进行辛苦的检查。M2M 技术完全可以更轻松地承担这项任务，当一辆汽车驶入一个禁止进入的区域时，将被自动识别。这种情况一些旅客已经在伦敦经历过。在海路运输和空中交通中同样可以看到这种应用。

交通过程自动化

交通过程自动化是 M2M 技术在交通管理中的另外一个应用，未来汽车上的智能交通报告设备就属于这样的应用。一辆汽车可以自动将道路上的交通缓慢或者堵塞状态向交通控制中心（德国汽车俱乐部控制中心或者交通广播电台）传递。交通控制中心在得到这个信息之后将及时更新系统中该路段的交通状况，并且以比目前更快的速度及时向可能经过这条道路上的其他汽车发送相关警示信息及建议一条其他的行驶路线。当然，通过感应圈来获取道路的交通状况也是一种可行的解决方案。

同样可以想象这样的场景：在交通主干道上的传感器识别出一场突然的强降雪，同时该道路上用于交通监控的摄像头也发现了这个情况。这个信息将被传感器和摄像头自动地传送到交通控制中心，交通控制中心将根据这个信息自动和带有跟踪设备的冬季服务车辆（如扫雪车）联系，以便冬季服务车辆可以及时进行道路清雪作业。通过全球卫星定位系统，可能会经过该主干道的车辆将收到带有图像的道路实时状况，车辆司机可以根据这些实时状况信息立刻采取相应的应对措施。

在公共交通中，M2M 技术可以用来实现公交车辆的定位和道路交通状态的实时监控等功能，这就可以在公交车站的信息显示牌中非常准确地预报每辆公交车辆的预计到达时间，从而可以显著地提高客户服务水平。

发展现状

从 20 世纪 90 年代开始，通信技术在交通行业中得到了不断广泛的应用。不同的分析家均认为，基于通信技术在交通行业中的发展趋势将会出现一个非常大的市场，但是到目前为止，只有部分预测得到了证实。

首先，动态卫星导航系统的发展速度非常快。在欧洲，2005 年对于卫星导航系统的市场需求比上一年增长了 160%，卫星导航系统的销售额也从 260 万欧元增长到了 680 万欧元[41]。2008 年，仅仅在德国就销售了大约 480 万台卫星导航设备，比上一年增长了 33%[42]。目前世界上大概有 1.5 亿台卫星导航设备在使用[43]。

如图 4－3 所示，一直以来，通信技术在交通管理中应用的发展动力主要来源于两个方面：一方面是信息和通信技术的发展使得一些新的应用和服务成为可能；另一方面，人们希望通过通信技术的应用来解决在交通不断发展中出现的一些问题。总的来讲，上面两个方面都是基于人们希望在不断增长的交通流量中能够保证机动性，以及对于交通通信解决方案潜力的期望。

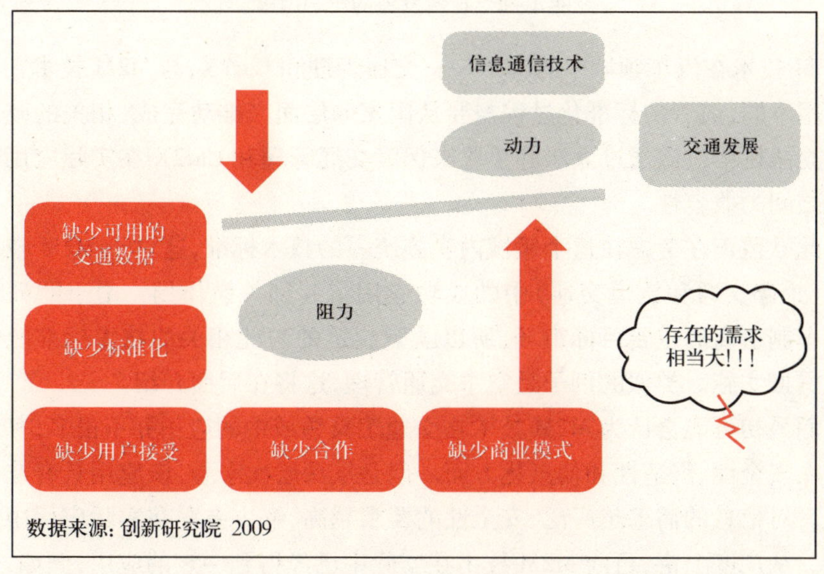

图 4－3　通信技术在交通管理中发展的动力和阻力

目前人们对通信技术在交通行业中应用市场的预期不断降低。专家认为，造成这种现象的原因是以前不断“商务炒作”的后果。M2M 技术在交通管理和 Car2X 中的应用及相关的影响因素如图 4－4 所示。相对于人们对交通通信技术的热切期望来讲，到目前为止，通信技术在交通管理中的实际应用要少得多。其原因是多种多样的，例如，可获取的交通数据的缺乏，网络结构和接口标准化的缺失，目前为止只有很少的顾客可以接受有偿服务等，另外，在交通行业内部对合作的忽视以及缺少合适的商业模式也是其中重要的原因。

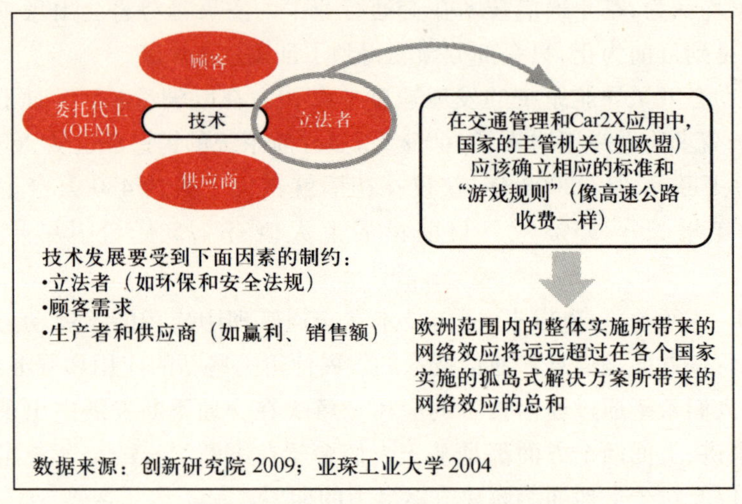

图 4-4　技术发展的影响因素

M2M 技术在汽车领域中的应用——交通管理和 Car2X，与 M2M 技术在其他领域中应用不同，前者的标准化过程需要从国家的层面来推动完成，相关的政府主管部门和立法机构应该通过立法等手段来保障交通管理和 Car2X 在实际应用中的不同产品之间的兼容性。

为此欧盟正在考虑在这个领域内实施统一的技术标准，这对于 M2M 技术在交通管理（道路交通和轨道交通）中的成功应用将起到关键作用。由于欧洲大陆是欧洲汽车制造商的主要目标市场，所以欧盟制定的与此相关的技术标准能够得到有效的贯彻实施。类似的例子是空中交通管理，这将在后面介绍。

人们最初可能会认为 M2M 技术在交通工具领域中的应用并不很多，其应用主要集中在安全性、舒适性和信息化方面。但是从深层次来看，该应用具有非常高的复杂性。对信息的需求越广泛、安全性的要求越高，解决方案在实际应用中的难度就越大。从广度上讲，目前 M2M 技术在实际中已经得到一定的应用，例如，飞机之间可以相互探测到对方的存在，所以它们在遇到可能相互碰撞的危险时，就可以通过空中防撞系统（Traffic Alert and Collision Avoidance System，TCAS）自动避开。根据传感器等设备，公共交通工具已经可以非常准确地预计到达下一个站点的准确时间。通过道路上的感应线圈或雷达设备可以实时检测汽车的行驶速度，当汽车违反道路速度限制的时候，司机可以自动地通过汽车仪表板上的相关设备及时得到提醒。

M2M 技术不仅在广度上而且在深度上也具有广阔的应用,但是到目前为止还没有达到作为规模市场发展重要里程碑的临界质量点,所以每一个局部的应用都必须尽可能地与市场上其他的成熟技术相兼容。

前文提过的在空中交通中正应用的空中防撞系统就是一个用来说明 M2M 技术在不同领域中的应用现状的一个非常好的例子。目前空中防撞系统具有以下不同的应用情况。

空中防撞系统Ⅰ只能够提供飞机之间的距离、大致行驶方向和高度差别等交通状况信息。

目前应用更多的是空中防撞系统Ⅱ,它可以在飞机起飞和降落过程中遇到碰撞危险的时候提供闪避建议。目前正在开发阶段的空中防撞系统Ⅲ和空中防撞系统Ⅳ希望通过应用新研发的传感设备来进一步实现飞机在飞行过程中的自动防碰撞功能。随着一项技术的复杂化,在增加其功能的同时也提高了其成本,所以在空中交通控制中心里没有实现进一步对空中防撞系统的功能扩展。另外,并不是所有飞机都要强制安装空中防撞系统,即使在美国和欧洲,其对于空中防撞系统的规定也是不一样的,其他国家和地区也还没有规定飞机必须要安装空中防撞系统。

一项技术对人类的用处越大,该技术的复杂程度也就越高,其生产成本也会相应增加。标准和统一规定的缺乏导致了各种各样的 M2M 技术的“孤岛式”应用解决方案,这样就很难实现网络效应,也就不能充分利用 M2M 技术的潜在功能。所以尽管安全性在空中交通中非常重要,但还是只有欧洲和美国强制规定了飞机上必须安装防止飞机碰撞的不同设备。

在交通工具领域中,M2M 技术的应用范围正在不断扩大。在德国以至欧洲范围内出现了大量的试验项目和研究项目,下面是对部分主要试验项目和研究项目的一些概述。

(1) 智能交通系统(Intelligente Verkehrssystem,IVS):

① 实时的道路、交通旅行信息的优化使用;

② 在欧洲运输走廊中对交通和运输管理提供连续性的智能交通管理系统服务;

③ 促进实施进一步的驾驶辅助系统和智能交通系统在交通安全和危害防止中的应用;

④ 把机动车和交通基础设施联系在一起;

⑤ 私人隐私数据的保护;

⑥ 通过统一的法律基础来实现欧洲范围内所有参与者之间的合作和协调。

（2）智能机动车 i2010：

① 提高道路交通安全；

② 提高交通系统效率；

③ 提高燃料使用效率；

④ 在司机预防和避免交通事故方面提供支持；

⑤ 通过道路网络实时提供信息，以避免拥堵；

⑥ 帮助司机选择最优的行驶路线。

（3）卫星导航：

① 与地理位置有关的紧急救助服务；

② 道路交通；

③ 轨道交通；

④ 海上交通、渔业、内陆船运；

⑤ 空中运输；

⑥ 市民安全保护、应急管理和人道主义救护；

⑦ 动物运输；

⑧ 农业、土地测量；

⑨ 能源、石油和天然气；

⑩ 搜寻和救护；

⑪ 其他广泛应用。

德国汽车工业联合会在它的“2020 议程”中明确提出，要实现交通工具通信、道路和交通战略管理、智能交通管理和环保的城市交通方案。下面的最新统计数字说明了其必要性：在欧盟，有 72% 的货物运输和 90% 的人员交通流量是通过陆路运输实现的[44]。通过陆路来实现货物运输和人员运输的比例还在逐渐增加，所以德国汽车工业联合会认为，对所有的交通工具建立一个统一的数据基础是非常有必要的：“到今天为止，虽然不同的交通基础信息已经被收集和处理，并且被用于交通管理和导航，但是这些交通基础信息之间还经常缺少相应的联系，并没有被统一管理起来。”[45]

德国联邦政府支持的项目“Metaplattform”和“Aktiv”将有助于找到这个问题的答案并且将推动 Car2X 领域内智能系统的网络化。

目前驾驶辅助系统的发展也受到了极大的推动。根据对驾驶人员的辅助程度，驾驶辅助系统可以划分为：警示和信息提示、强制性指令、自动调整驾驶操作及自动完成驾驶操作。在这个领域，德国亚琛工业大学开发了摩擦系数自动识别信息系统、交通指示牌自动识别系统（同时给司机信息提示）和交通防撞系统（由自动调整驾驶操作甚至自动完成驾驶操作来实现）。

通过下面的驾驶辅助系统在实际应用中的结果可以看出其在交通安全方面的积极作用。安联集团(Allianz)和德国机动车监督协会(Deutscher Kraftfahrzeug-Überwachungs-Verein,DEKRA)的研究表明,通过在货车上安装车距调速器(Abstandsregeltempomats,ACC),高速公路上的货车追尾事故可以减少70% ~80%[46]。高速公路上行驶的汽车之间通过C2C可以实现汽车自动化驾驶从而变得更加安全。

另外,在当前C2I研究中,欧盟资助的一个研究性项目“AIDER”是非常值得关注的,该项目的目标是到2010年使得交通事故死亡率降低50%[47]。一个安装在汽车上的车载系统可以自动识别出事故的发生并且通过全球移动通信系统或通用分组无线业务自动地将相关信息传递到控制中心,以便通知紧急救护人员。为了能够有效地进行紧急救护,乘客在事故前后的相关生理数据(心跳频率、呼吸频率、血压和血氧饱和度等)、汽车的行驶数据(速度、加速情况、偏航率等)以及车厢内的实时画面等信息都可以直接被传递到控制中心。

德国亚琛工业大学开展的另一个项目“Honda Grant”将围绕着自动巡航控制系统(Adaptive Cruise Control,ACC)展开。目前的“自动巡航控制系统”通过一个距离传感器来获得与前面车辆之间的距离和相对速度,根据这些信息可以自动对发动机速度和电动刹车系统进行控制。可以通过远程/近程传感技术、全球卫星定位系统的支持以及其他数据来扩展自动巡航控制系统的功能,以实现更好的驾驶状态。例如,能够自动识别拥堵状态、速度限制及小的转弯半径,使得驾驶人员能够脱离以前紧张的驾驶状态而变得更加轻松,从而提供更好的舒适性。为此需要分析在城市内的驾驶行为,以便相应地改变驾驶辅助系统。通过对城市内部和郊区不同驾驶状态的自动调整和应用领域的扩展可以提高自动程度,从而使驾驶人员减轻驾驶负担。

除此之外,在2008年9月开始的项目“sim-TD”将于2012年9月结束,在此期间将进行为期15个月的真实情况下的实际测试。该项目专注于Car2X技术的应用,使用了400辆测试车辆和100个智能交通系统(Intelligent Transportation System,ITS)道路站点。这个项目的参与者包括汽车制造商、汽车销售商、研究机构和通信企业,它的研究目标是在大规模应用的情况下,通过所有参与者的共同合作来测试不同的通信标准在交通工具和基础设施之间的应用,这些通信标准包括无线局域网,通用移动通信系统(Universal Mobile Telecommunication System,UMTS)和通用分组无线业务。该项目内容包含以下几方面。

(1)交通:交通状况及其他辅助信息(基础设施、交通工具、天气状况、交通状况、交通事件)、交通流量信息和导航(道路状态、施工点)等信息的收集及交通流量控制(绕行、信号灯设备)。

(2) 驾驶和安全:本地危险警示(障碍物、拥堵、天气、紧急任务用车),驾驶辅助(交通标志、交通信号灯、距离指引、交叉路口/立交桥)。

(3) 辅助服务:互联网接口、本地信息服务(基于互联网的服务、位置信息服务)。

在此期间,欧盟也开始了更加重要的名为"euroFOT"的试验项目。通过1500辆装有智能系统的汽车在欧洲范围内实际道路交通环境中进行测试,以便未来能够实现更加安全、更多舒适性的交通以及减小对环境的压力。共有28个在行业内领先的汽车制造商、汽车销售商、研究机构和其他组织参与了这个项目。

目前在欧洲内的积极的活动者是标志雪铁龙集团(PSA)和宝马汽车集团(BMW)。他们的通信解决方案已经覆盖了西欧大部分范围。标志雪铁龙集团也是第一个应用自动紧急救助电话呼叫系统的企业。其他比较积极的是菲亚特(Fiat)、沃尔沃和一些高端品牌汽车制造商,如保时捷、美洲虎和路虎等。根据瑞典市场研究公司Berg Insight的预测,在未来两年内将会有更多的企业加入进来,特别是自动紧急救助电话呼叫系统在欧盟范围内的使用更是充满希望。

自动紧急救助电话呼叫系统是欧盟计划在交通工具上实施的自动紧急呼叫系统,它可以自动地向欧洲统一的救助号码112发出求救信息。在发生交通事故的时候,一个自动的求救呼叫将被激发,一组称作最少数据记录的信息将会自动地传送到紧急救护中心或者公共安全应答点(Public Safety Answering Point,PSAP),同时在紧急救护中心和出现交通事故的汽车之间建立起通话连接,使车辆中还能够说话的乘客可以和紧急救护中心进行沟通。自动紧急救助电话呼叫系统可以自动也可以通过手动方式进行触发。传递的数据记录至少包括了交通事故发生时间、准确的交通事故发生地点、车辆行驶方向(这在高速公路上非常重要)、车辆编号、服务商编号和自动紧急救助电话呼叫系统会员号等信息。车辆安全系统的相关信息也可以同时被传递,如交通事故的严重程度、乘客的数量、乘客是否系了安全带和车辆是否翻转等。

在美国,通过通用汽车公司的努力,M2M技术在道路交通中的应用得到非常大的推动。从2005年开始,通用汽车公司在它的汽车中逐渐安装了相应技术设备,通过全球卫星定位系统和5.9MHz波段的近距离无线通信(802.11p通信协议)的结合使得车辆可以在大约半英里的范围内与其他车辆以及基础设施之间互相通信。在欧洲,人们也使用了802.11无线网络通信标准,这个标准有可能在世界范围内成为M2M技术的一项基础技术标准。

以此为基础的空中系统(Over-The-Air-System)可以根据应用领域和有效半径的需要(哪一条路?哪一条车道?在车道的什么位置?)自动进行调整。

无论是在美国还是欧洲,新技术的发展不仅使人们可以了解汽车周围360°全方位情况,而且这种了解不需要再通过视觉的方式(传统传感技术对于周围情况的了解是通过视觉方式)。装备这种技术设备的汽车可以及时感知到其前面车辆突然刹车的危险动作。但是在这种情况下还存在一些问题:在 Car2X 应用领域中,一辆汽车的周围可能同时存在很多辆汽车,所以同时会接收到非常多的信息,那么在这么多警示信息中,哪一条信息是重要的?而哪一条是不重要的?这些信息的有效时间是多长?为了能够达到结果的有效性,必须不断地根据汽车当前状态以及所处位置来进行分析。为此也引出了一个关于通信有效距离的问题,即在什么情况下通信的有效距离只需要几米?在什么情况下需要扩大通信的有效距离?在实际应用这些系统之前,必须解决上面这些问题。

最后需要再次强调的是环境保护问题。根据德国一份研究表明,只要有 20% 的汽车安装了智能 Car2X 系统,就能够显著地减少交通堵塞和改善交通状况。基于实时数据的导航系统可以消除拥堵问题,减少人们在不熟悉地方的 16% 的无效行驶距离以及减少 30% 寻找停车位的时间[48]。另外,通过对交通拥堵路段的绕行可以改善该地区的空气污染状况。

通过地理栅格可以在城市内部有效设置针对不同车型的环保区域,或者在一定时间内对某些区域实施禁行,这将对环境保护具有积极意义。

在伦敦,通过类似的措施使得 CO_2 的排放量减少了 16%,同时交通拥堵现象减少了 30%[49]。

在斯德哥尔摩,通过类似的措施使得城市内部的交通流量减少了 15%,同时 CO_2 的排放量减少了 14%[50]。

在罗马,通过增加 5% 的公交线路和平均提高 4% 的行驶速度,使得城市内部的交通流量减少了 20%[51]。

由此说明,不仅可以通过汽车行业的工程师们对汽车技术本身的改进对环境保护做出贡献,而且也可以通过在汽车上安装能够互相通信的智能交通系统对环境保护做出同样巨大的贡献。

世界范围内 M2M 在交通应用方面的项目如图 4-5 所示。目前汽车行业是 M2M 技术应用的先锋,在海运、铁路运输和空中运输中 M2M 技术的应用还非常少,还需要进一步加快发展的步伐。对一项技术来讲,它在一个领域中的成功应用将会加快其在另外一个类似领域内的发展速度。同样对于步行导航来讲,也可以通过在移动设备或多功能导航设备上使用更好的电子地图而受益。目前网络运营商和移动设备运营商主导了导航服务,迄今为止出现了不同的价格模式,例如,从包月无限使用到预付费使用等。就如前面已经提到的那样,对于这种类似服务来讲,为了提高舒适性、安全性和实现环境保护,在未来可能会出现更加适合的商业模式。

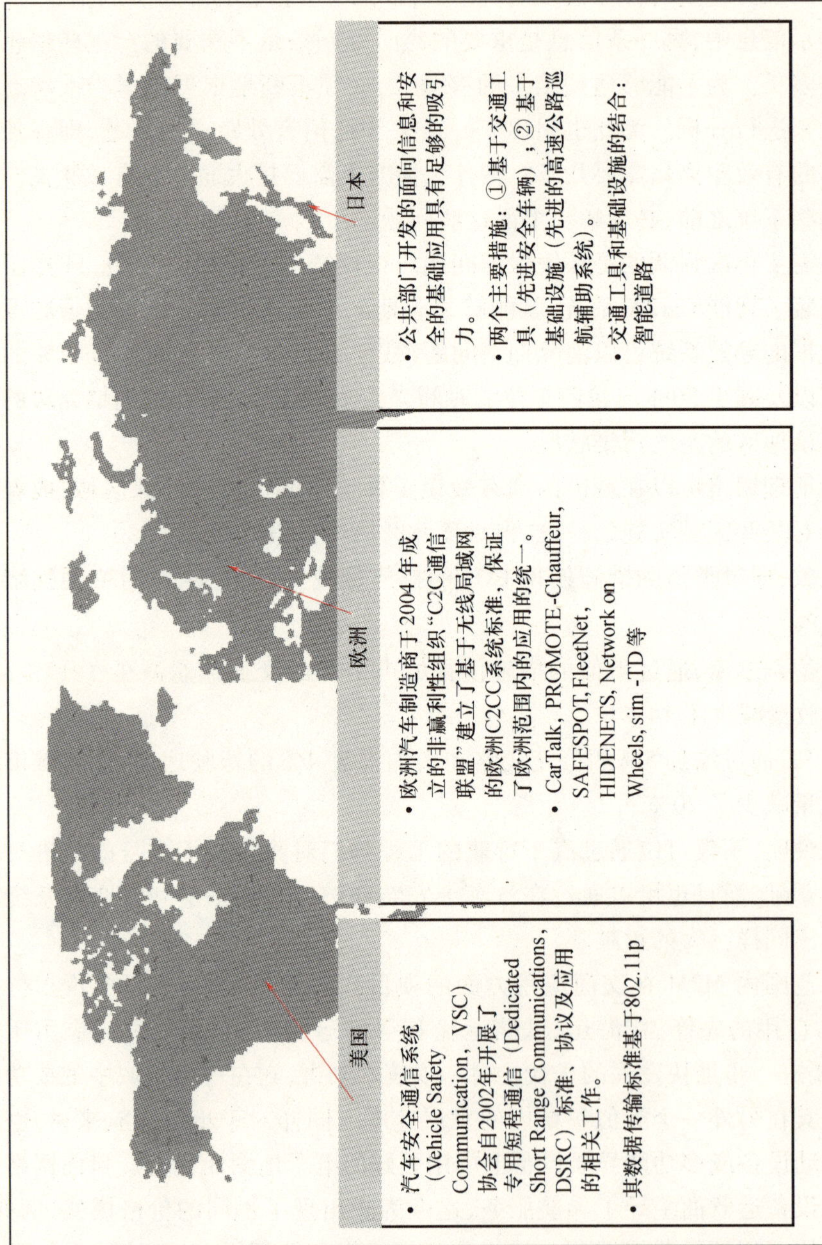

图4-5 世界范围内的项目

预测和前景

通过发展现状及相应研究领域的创新已经可以明显看出，M2M 技术对于陆路交通、空中交通和水上交通会具有什么样的作用以及会带来什么样的革命性变化。

此外，用户也开始逐渐意识到，仅通信市场本身就能够给他们带来多么大的潜力。通信技术的发展可以提高人们在旅行过程中的舒适性，并且可以让人们随时获得实时的资讯信息（图4-6）。另外，未来人们对于机动性的进一步需求以及不断增加的便携式通信终端设备也将是 M2M 技术的一个重要推动力量。德国德意志银行研究中心在一份研究报告中指出，移动通信领域内技术的不断进步将会给通信技术打开通向大规模市场的大门。全球移动通信系统网络的扩建将使这种通信媒介的吸引力大大增强，同时也满足了不断增长的数据传输需求。诸如通用分组无线业务、通用移动通信系统和长期演进技术等新的移动通信技术标准的不断出现，不仅加快了服务内容的不断发展，同时也使在移动状态下使用互联网变得更加简单。毕马威会计师事务所（KPMG）针对全球范围内通信行业管理人员的一项问卷调查表明，大约有 43% 的被访者认为，服务供应商和移动网络运营商将会占领通信市场这块大蛋糕的绝大部分[52]。

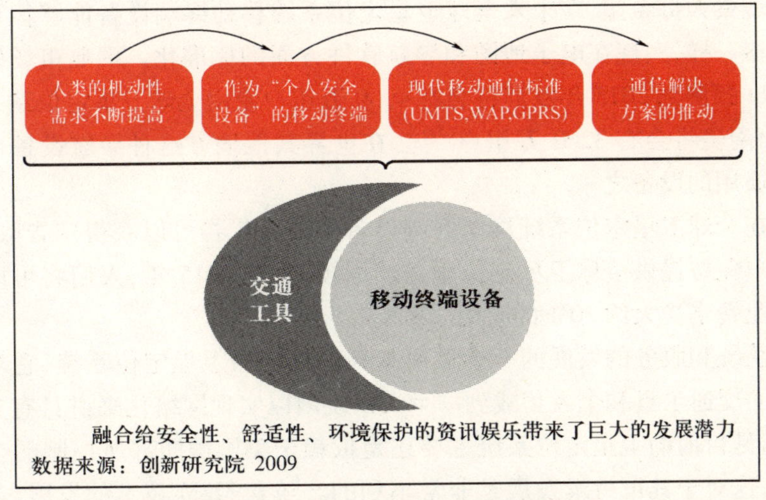

图4-6　交通工具和移动通信的融合

过去一段时期内，信息技术在汽车领域的应用呈现非常快速的增长。对于任何一个人来讲，日常事务管理（在任何时间和任何地点）变得越来越重要。未来，汽车还将是人们首选的交通工具，为此汽车应该能够满足人们在这方面的需求。M2M 技术的应用将使之成为可能。通过将移动电话和交通工具连接在一起，可以使司机和乘客获得互联网的接入口。比较好的解决方案是在每辆汽车里集成一张移动电话卡，这在当前的技术发展情况下是完全可以实现的。

除了在汽车本身的应用，移动信息和舒适性在汽车之外也具有很大的发展空间。在步行时候使用导航与计划并实施多模式旅行一样具有重要的意义。通过地铁站、火车站以及火车之间的通信连接，完全可以实现在乘坐火车的时候，乘客的移动终端设备上能够自动显示火车下一个站点的地铁发车时间。通过这样的方式可以在给乘客提供更好的增值服务的同时，也能够优化交通系统。

通过移动终端设备的使用，交通中的每一个交通工具和个人都可以实时取得联系并且可以通过卫星导航系统进行实时定位。这样将可以实现很多应用，例如，在考虑实时交通状况、交通中所有的交通工具和个人位置情况下进行个性交通路线计划。

在未来通过对导航系统的实时更新可以提高驾驶过程中的舒适性。导航系统的实时更新一方面可以通过汽车和移动电话连接之后获得的互联网接口进行，另一方面也可以通过汽车与汽车之间的相互通信来实现。澳大利亚 Cohda Wireless 公司在不久前开发出了一项新技术，该项技术通过 802.11p 通信协议使汽车在行驶过程中可以通过与其他汽车之间的相互通信来实时更新卫星导航系统中的电子地图。预计从 2012 年或 2013 年开始将会有安装了这样系统的汽车在道路上出现。

市场观察人员希望，在未来全球卫星定位系统移动终端设备能够像目前的多媒体播放器一样，实现在电子地图和导航软件方面的标准化。瑞典市场研究公司 Berg Insight 预测到 2015 年欧洲将会有 4000 万用户使用全球卫星定位系统移动终端设备，而南美将会有 3200 万用户[53]。在世界其他地方这种导航设备也将成为人们日常通用的设备之一。

通过在全球卫星定位系统移动终端设备中插入广告可以获得广告收入，从而可以对用户免费提供全球卫星定位服务。据预测，到 2015 年，人们将可以通过这样的方式免费享受大约 30% 的应用服务[54]。

上述系统和服务的发展的一个重要基础是稳定的卫星定位系统，它对于将交通系统中的交通工具和个人集成到一个大系统内以实现网络化来讲具有非常重要的作用，但是目前的卫星定位系统主要还是依赖于美国国防部所控制的全球卫星定位系统，这对于其可持续发展是非常不利的。随着 M2M 技术的发展，全球卫星定位系统将逐渐显示出其局限性，而最早在 2013 年欧洲的伽利略卫星定位系统将会投入使用，它的定位精度更高，相对于全球卫星定位系统在水平方面 10m 左右的误差和在垂直方向 35m 左右的误差来讲，伽利略系统只具有在水平方面 4m 左右的误差和在垂直方向 8m 左右的误差，如果支付一定的费用，其所能提供的卫星定位信息与实际的误差将会更小。随着卫星定位系统定位精度的提高，在未来将会有更多基于卫星定位系统的应用解决方案出现。

和舒适性同样重要甚至更加重要的是安全性。在谈到自动紧急救助电话呼叫系统的时候，专家认为其将可以在发生交通事故的时候提高救助效率和减少交通事故死亡人数，这种潜力并不仅仅是夸夸其谈。

欧盟平均每年发生140万起交通事故，其中4万多人死亡和180万人受伤，由此带来的社会经济损失每年超过1600亿欧元[55]。研究表明，城市郊区的救助反应时间完全可以缩短50%左右，城市内部的救助反应时间同样可以缩短40%左右[56]。单单救助反应时间的缩短就能给交通事故中的受伤人员带来更多的复苏机会。当所有的汽车都安装自动紧急救助电话呼叫系统之后，从社会经济的角度来讲，每年可以节省260亿欧元[57]。自动紧急呼叫的触发可以通过安全气囊来实现，当然也应该可以通过其他的方式来触发。

在这里还存在一个费用的问题，即谁来承担自动紧急救助电话呼叫系统中心（需要每周7天，每天24h提供服务，接收汽车发来的信息，然后分析并和紧急救护人员联系）的费用呢？

欧盟规定，从2010年9月起，自动紧急救助电话呼叫系统必须成为所有汽车的可选安装项。要实现自动紧急救助电话呼叫系统对于任何语言以及在欧盟的任何国家都能起作用，那么紧急救护号码112应该在任何地方都可以使用，但是目前还不是这样，预计到2010年底可以实现这一目标*。另外，未来应该有类似的紧急救护中心和救援服务机构能够处理自动紧急救助电话呼叫系统传递过来的数据。为了能够在欧盟范围内实现这种事关生命的系统的标准化，还需要进一步努力，只有这样，装在汽车上的自动紧急救助电话呼叫系统才能够真正发挥作用，从而给交通事故受伤人员带来更多的生存希望。

对汽车制造商来讲，在紧急救护和故障信号方面将出现更多产品个性化的发展潜力。救护人员在出现交通事故后进行救护的同时也需要一些辅助服务，例如，从轮胎更换一直到汽车残骸回收。另外，人们在丢失汽车钥匙的时候，可以通过通信解决方案来启动汽车发动机。甚至在汽车出现故障的时候，驾驶人员可以远程读取汽车故障代码，从而得到及时的技术支持与帮助。

为了实现对汽车状态的实时诊断，对于汽车制造商来讲，尽快地将M2M技术解决方案当做汽车的一个标准模块在实际中应用是非常必须的。通过这样的方式，汽车制造商将可以节约上百万欧元的质量保证成本和可能出现的产品召回成本。此时需要注意的是，随着这种应用的不断增加，实时数据的传输量也会不断增加，那么就必须有能够保证这种数据传输的基础设施（即无线通信网络）。

M2M技术在未来交通安全预防领域内的应用也具有巨大潜力。通过M2M技术实现的车辆与车辆之间的相互联系可以实现汽车驾驶过程的自动化，从而提高

---

* 2011年1月从技术角度该方案已经成熟，计划在2011年—2013年实现（译者注）。

效率、舒适性和安全性。在高速公路上，很多非常危险的重大交通事故都是在汽车超车过程中发生的。未来通过 M2M 技术实现的对于汽车周围 360°全方位的监控将使目前的驾驶观测死角也一览无遗。在司机试图超车的过程中，如果系统发现会存在交通危险，则可以自动阻止这次超车动作。

信息技术和通信技术领域内的创新将是未来交通通信技术发展的前提，也将是未来发展特定通信解决方案的基础，还将给交通通信市场的未来发展带来全新的能量。

如很多其他行业一样，M2M 在交通管理中的应用也存在一些将会对其未来发展具有决定性影响的因素（图 4-7）。数据安全性在这里将具有决定性的作用，因为服务的定制要求越多，数据的个性化也就越强，但是对于用户潜在的危险也就越多，例如，对用户的私下监控等。

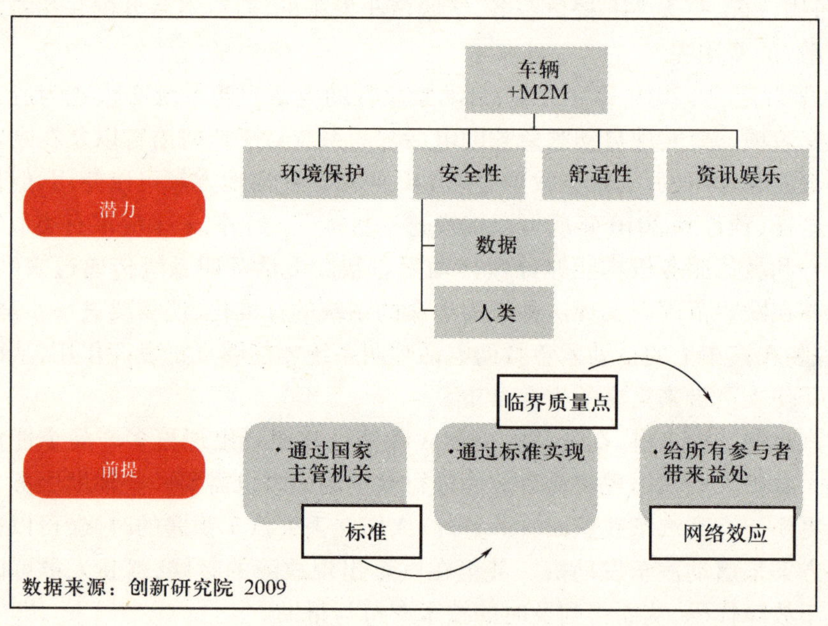

图 4-7 关键问题

另一个同样非常重要的因素是标准化的必要性。目前还没有其他哪一项技术具有像通信技术一样的潜力，能够使不同的机器之间相互进行通信。汽车的不同制造商可以和火车的不同制造商之间通过移动电话进行数据交接以及通过通用分组无线业务进行数据的传递。这样在一辆汽车穿越铁路的时候就可以自动收到是否可以通行的相关信息。这听起来可能比较夸张，但是也体现了这种应用在技术上的复杂性。只有当不同专有系统之间可以进行相互通信的时候，上述类似系统才能够真正起作用。由于这种类似的系统可以给用户带来更好的安全性，所以用户很容易接受并且使用这种系统。系统之间的兼容性非常关键，例如，若上述的系统之间不能完全兼容，则可能给用户带来更大的危险。要想使用户信任这个系统，那么首先必须使用户能够相信这个系统可以真正起作用，例如，在汽车穿越铁路的时候，不仅快要驶近的火车 X 能够自动给汽车发送警示信息，火车 Y 也同样能够发送警示信息。

为此，为了保证系统之间的完全互操作性，一个跨企业的、标准化的和灵活的系统结构是非常必要的。特别是，系统操作的透明对于驾驶人员具有决定性的意义，这一方面可以带来高接受度和提高系统的应用范围，另一方面通过对于汽车操作的相应自动控制可以提高安全性。类似的，系统边界的唯一性也非常重要，这样可以保证驾驶人员能够不超越系统界线。上面所提到的汽车行业中的关键标准应该由国家主管机关来确定。

目前正在实施的一些试验性项目让人们对此充满了希望，这些项目中无论是“sim-TD”项目或者“euroFOT”项目，都有非常多的成员参与。这种合作的方式和试验项目的成果将共同构成 M2M 技术在汽车领域中应用的美好未来。欧洲交通信息频道的支持对这个市场的发展具有非常积极的作用。欧洲交通信息频道已经从很多年前就开始在多个欧洲国家通过调频（FM）广播频道来传播交通信息。但是这还不能完全满足未来的需求，因为更多的信息需要更高的频宽，这些交通信息可以通过其他如通用分组无线业务或者通用移动通信系统的方式来进行传递，为此，交通协议专家组（Traffic Protocol Experts Group，TPEG）的标准更适合，机器可以通过它的帮助接收信息。另外，可以通过交通协议专家组的努力实现在主要交通干道之外的更好的通信信号覆盖。标准化的交通信息服务对市场增长以及未来能够达到临界质量点都具有非常重要的意义。

行政手段的 M2M 标准化

瑞典市场研究公司 Berg Insight 认为，M2M 在交通管理中的市场在 2010 年之前并不能够达到临界质量点，但是可能会出现超过 30% 的增长率[58]。达到这个重要目标的前提除了前文已经非常详细叙述的标准化、满足和继续开拓新的顾客需要之外，还需要一个合适的商业模式。在这种情况下，必须沿着整个价值链确定好伙伴关系，必须以价值链中各个合作伙伴的核心竞争力为基础来提供服务，基于它们的功能和具有吸引力的价格构成，在短期内满足已经存在的顾客需求，从长期角度要完成客户的接受度。当这些都实现之后，所有的参与者都将可以从网络效应中获得益处——从服务提供商一直到最终客户。

对于交通通信的复杂系统来讲，还面临着前面已经提到的合作问题。理论上，当所有的公司能够取得一致意见以及实现完全的信息透明之后，就可以从一个旧行业标准转换到一个新的更加有效的行业标准。但是这在交通通信行业无法实现，因为无法实现完全的信息透明化，所以所有的市场参与者也就不能达到一致意见，这样就导致过剩惯性，企业也就不会使用这新的标准。

当一个企业转换行业标准的决定不能被其他企业分担的时候，这个企业将会遇到困境。在一个网络效应具有非常重要意义的行业，这种潜在的不利之处将会导致过度惯性或者迟缓。

即使前面所描述的价格策略也不一定能够实施，因为只要没有企业可以控制交通通信标准的所有权，那么就没有企业可以通过这个标准的建立来单独获益。

所以在交通通信方面，通过行政手段由一个国家相关主管机构来确立标准是非常必要的。

事实上从2010年开始，自动紧急救助电话呼叫系统就得到欧盟的推动。"欧盟议会决定在从2010年9月起，在所有新出厂的交通工具上都应该可以使用自动紧急呼叫系统。为此，政府部门和各企业都必须做出相应努力"[59]。

在这方面，宝马汽车公司可能形成它的事实标准，因为该公司已经在每辆汽车中都安装了联网驾驶系统(ConnectedDrive)。

汽车制造商可以通过相应的法律规定基于这种技术给顾客提供附加增值服务。通过M2M网络可以实现的如故障援助服务、故障存储器服务、安全应用和其他类似服务都属于这种附加增值服务范围。

当汽车制造商获得和市场相关的顾客数据之后将可以给顾客提供更好的后继服务，同时也可以更加紧密地与顾客联系在一起。同时，汽车制造商还可以通过无线通信来降低他们的流程成本。

内容服务商可以将他们的信息大量销售，这反过来也可以使移动网络服务商的网络得到更加充分地利用。移动网络运营商作为使用和内容之间的联系，可以通过这种方式来提高他们的销售额。硬件和软件生产者可以通过终端设备以及用户操作界面显著提高市场发展的可能性。

在交通工具上使用调节螺丝是实现环境保护和减少CO_2排放量的一个自身措施，相对于调节螺丝来讲，汽车驾驶习惯对于实现环境保护和降低CO_2排放量也是非常重要的。

例如，菲亚特汽车公司已经向市场上推出了名为ecoDrive的应用，即在汽车上通用串行总线(Universal Serial Bus，USB)接口插入一个特别的通用串行总线磁盘，用于记录驾驶相关的数据。在家里的电脑上根据该通用串行总线磁盘所记录的数据可以进行关于燃料消耗和CO_2排放量的分析，系统会根据分析结果给出相应的建议。

专家认为，未来市场上将出现集成到汽车控制系统中的类似应用，那么人们就可以实时地分析驾驶方式，也可以立刻得到关于驾驶方式的改善建议。

另外，未来可能实现在上下班和节假日交通高峰时期使用一种辅助系统。这个辅助系统可以和周围的交通工具进行自动通信,通过这种方式,汽车将可以与前面车辆保持一个特定距离,并且可以自动地进行加速或者减速。越多的汽车安装这种辅助系统,那么交通将会变得更加流畅,这样也更加环保。

导航系统通过应用不同的优化模式将有可能降低 CO_2 的排放量。通过移动终端来实现的个性化应用已经在前文提及。

“欧洲气候变化计划”估计,通过 生态驾驶(Eco-Driving,也有叫环保驾驶,这个概念不仅包括了交通工具本身的改进,也包括了驾驶方式和交通控制的改进),一年将可以减少 5×10^7t 的 CO_2 排放量[60]。荷兰应用科学研究组织(TNO)分析表明,每减少 1t CO_2 排放量就意味着可能节约的成本为 128 欧元[61]。德国能源协会(Deutsche Energie-Agentur,DENA)认为生态驾驶可以实现将近 20% 的燃料节省,由此单在德国每年 CO_2 排放量就可以减少 6×10^6t[62]。

地理栅格解决方案也具有类似的巨大的潜力,通过全球卫星定位系统或者在未来可能出现的“伽利略”等卫星导航系统将可以对交通工具驶入和驶出特定区域的过程实行监控。现在德国试图通过环保贴纸来确定一辆交通工具是否可以驶入一个城市内的特定区域,从而保证尾气排放不合格的车辆禁止进入上述特定的环保区域。这在未来可以通过 M2M 技术更加有效地实现,因为通过自动化监控将使车辆进入特定区域的监控变得非常简单。

上述措施和电动汽车结合在一起将对环境保护具有更大潜力,例如,未来可以通过电动汽车之外的其他机动车不能够进入城市内的方式来实现城市环境保护。当一辆汽车试图进入禁止其入内的区域的时候,可以通过无线电波向驾驶人员发出警告,如果警告不起作用,将可以直接关闭汽车发动机。在驾驶人员拨打收费电话之后,将可以通过远程控制方式重新发动发动机,并且通过卫星来监控这辆汽车是否已经驶离了这个区域。

国家主管机关必须确定标准和发布相关规定,以便 M2M 技术在通信中应用后能够提高安全性、环境保护和社会经济效率。舒适性的提高和其他有用的辅助服务将给汽车工业提供更多的产品差异化机会。

第 5 章

金融服务和移动支付

"类似手机银行的服务创新，
必须首先建立在顾客对银行的信任基础之上。"

于尔根·利贝克内希特
花旗银行营销总监

究竟什么是移动支付

每天在世界的每一个角落都通过支付实现着货物和服务的转移。在很久很久以前，这些交易都是通过易货贸易的方式来进行，货币的出现变革了这种过程。目前人们使用现金或者更多是使用信用卡、电子现金(Electronic Cash，EC)卡或者网上银行来进行支付。电子商务的不断发展也扩大了电子支付的范围，即增加了人们所说的"电子货币"的使用。目前支付方式面临着一个革命：移动支付(Mobile Payment，MP)这一概念描述了一个支付流程，即在支付过程的开始、授权或者实现中使用电子通信的方式来进行。

在这里，移动支付及与之紧密联系的移动商务可以认为是电子商务的自然衍生物。移动通信的功能被充分利用在商业领域和顾客服务的扩展上面，移动支付的出现进一步扩展了这个领域。不能够将移动支付简单地当做"移动化的"电子支付来看待，因为它们的内涵(如商业模式)和功能都是不一样的。移动支付的应用不仅局限于通过移动电话或简单的无线功能设备，而且可以通过其他具有相似功能的设备进行。移动支付除了可能在移动电话上使用之外，也可以通过个人数码助理(Personal Digital Assistant，PDA)、智能手机(Smartphone)、移动支付终端、平板电脑以及其他类似的终端设备实现。

从 20 世纪 90 年代中期开始，人们就已经考虑在支付中应用移动电话了。移动电话由于其普及程度、特别属性以及使用习惯将注定成为支付的一个非常有吸引力的工具。移动支付使移动商务比电子商务具有更大的优势：在电子商务中，商业交易在人与人之间进行，这个交易通过多用户机器来进行，这样就导致交易行为的匿名性，使得交易双方的识别变得困难，由此降低了安全性和信任度。相对来讲，移动设备将固定地由一个人来使用，并且属于个人私有财产，这样移动设备也将成为个人安全设备(Personal Trusted Devices，PTD)。人们在任何时间、任何地点都会把这个设备带在身边，由此进行的商业交易将可以通过用户身份识别模块(Subscriber Identity Module，SIM)或者无线应用协议身份识别模块(WAP Identity Module，WIM)来识别用户身份，这样就可以提高安全性以及预防诈骗。

移动电话由于其普及程度、特别属性以及使用习惯将注定成为支付的一个非常有吸引力的工具。

移动支付具有两个不同的基本应用领域，即在移动商务(Mobile Commerce，MC)内部和外部的应用。移动支付在移动商务内部的应用是指在进行一个商业交易时，至少交易双方中的一方在交易启动、交易服务协议和交易提交过程中使用了电子通信技术，移动支付在这里被用户视为一个系统固有的购买移动服务的支付方式。移动支付在移动商务外部的应用是指其在网上、自动售货机、传统的商店以及人们之间的交易中的应用。

弄清楚移动支付不是什么，对于弄清楚移动支付是什么将有很大的帮助。对于一些新兴的“流行语”来讲，人们很难从字面含义来了解其真实的意思，通常在其字面意思后都隐藏着很多其他的意思。为了界定“移动支付”这个概念，下面将列出人们对于移动支付的一些常见误解：

在移动支付中，手机不是一个新的支付工具(如果人们把手机当做一个交换物品的话，那么它就是一个支付工具)，它纯粹是一个交易支付媒介而已，是支付过程的开始、授权和实现的一个工具。

移动支付并不意味着在网上购物时通过移动设备来进行支付，尽管根据具体内容来讲，移动支付可以起到相同的作用，但是移动支付中的移动和移动设备中的移动在含义上是不一样的。

手机银行和移动支付也绝对不是同义词。在更多情况下人们可以把手机银行看做移动支付的一个子集，因为移动支付更关注于服务，这些服务在不依赖于银行的情况下也可以进行。

通过图5-1所示的例子可以更好地了解移动支付在现实中应用的情况。

不同对象之间相互作用的目标是实现在顾客和商人之间不断进行的价值转移。一个顾客在商人那儿“支付”一个产品或者一项服务之后，商人把支付业务的详细信息传递给收单行以便进行结算，然后收单行将和移动支付电子证书的发行机构进行联系，之后发行机构会将信息转达给顾客，这样就完成了一个支付过程。

目前在全球范围内出现了各种各样的移动支付类型，这也就说明了目前人们正在寻找针对移动支付的正确商务模式和应用领域。可以通过两种不同的划分方

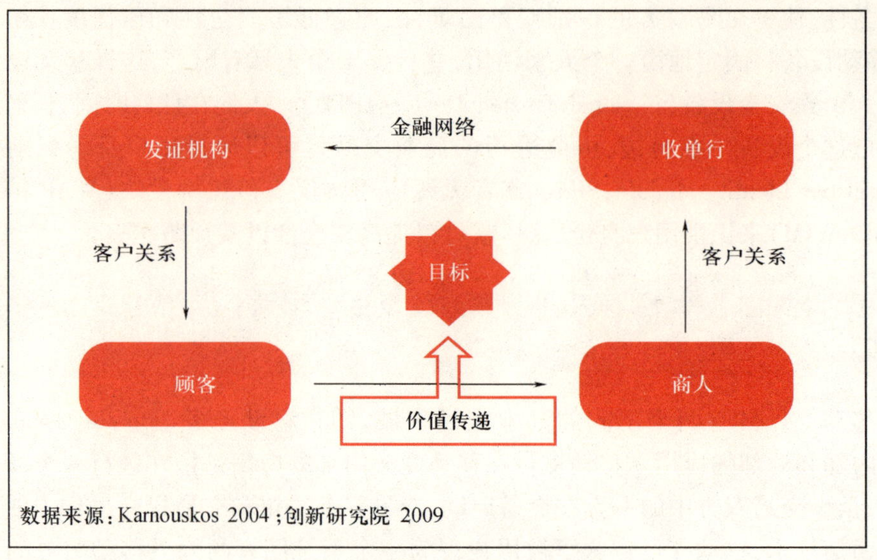

图5－1 支付场景示例

式（图5－2）将动态市场上不断出现的各种各样的移动支付种类进行划分：根据结

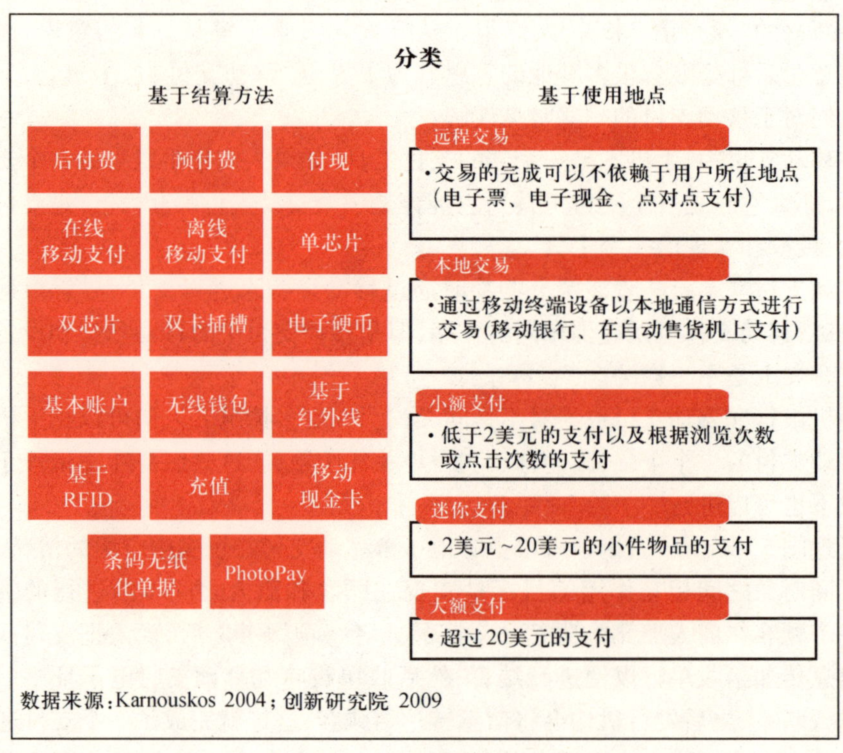

图5－2 移动支付类型

算的方法或者通过结算的用途。

最后看一下移动支付系统中的不同参与方(图 5－3)。移动支付系统中的参与方非常多,各个参与方的共同努力或合作将是一个非常重要的因素。是否能有一个跨企业的全局解决方案(不依赖于任何专有系统)对于移动支付的成功同样具有非常重要的影响。因为移动网络运营商(Mobile Network Operator,MNO)拥有各种各样的移动支付潜在顾客并且控制了移动设备中的用户身份识别模块卡或者无线应用协议身份识别模块卡,所以移动网络运营商对移动支付系统也会产生战略层面上的非常大的影响。但是对于移动网络运营商来讲,在把移动通信设备应用到移动支付方面还缺少相应的经验。

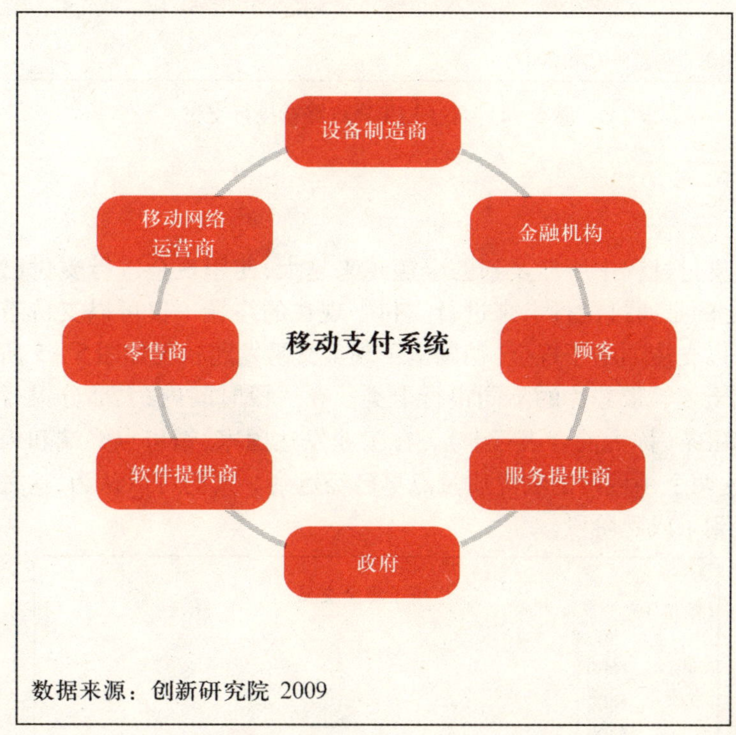

图 5－3　移动支付系统参与方

移动支付的前身是基于电子现金的 M2M 技术应用。顾客在银行里开了一个活期账户之后,银行将会给他发放一个相应的电子现金卡,如万事达(Master)卡或威士(Visa)卡等。通过这种卡在电子资金转账终端或一台销售点终端(Point Of Sales,POS,俗称"POS 机")上可以进行金融服务操作,即在上述的电子资金转账终端或者销售点终端上插入卡之后,人们可以在输入密码并确认后来进行资金流动(图 5－4)。

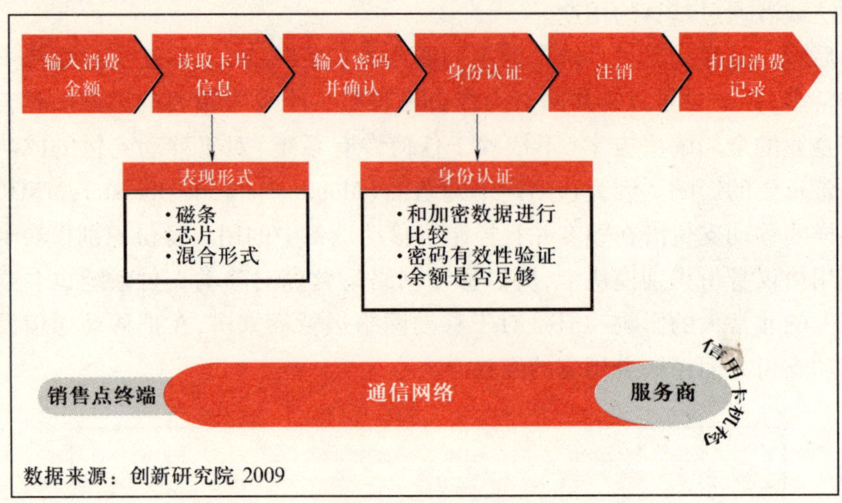

图5－4　通过 EFT-POS 终端进行支付

发展现状

随着在支付过程中所涉及到的金额越来越大，使用现金进行支付已经不再现实，取而代之的是通过银行卡来进行支付。现在的终端不仅可以支持带有磁条的银行卡也可以支持如电子现金（德国电子现金交易发展状况如图 5－5 所示）、万事达卡或者威士卡等带芯片的不同银行卡类。在一段时间内，大部分银行卡将同时具有芯片和磁条（称为混合银行卡）。在工业发达国家，销售点终端和银行卡都已经普及，在这两个领域内的临界质量点早已经达到。人们可以认为，这种类型的市场已经发展到了成熟阶段。

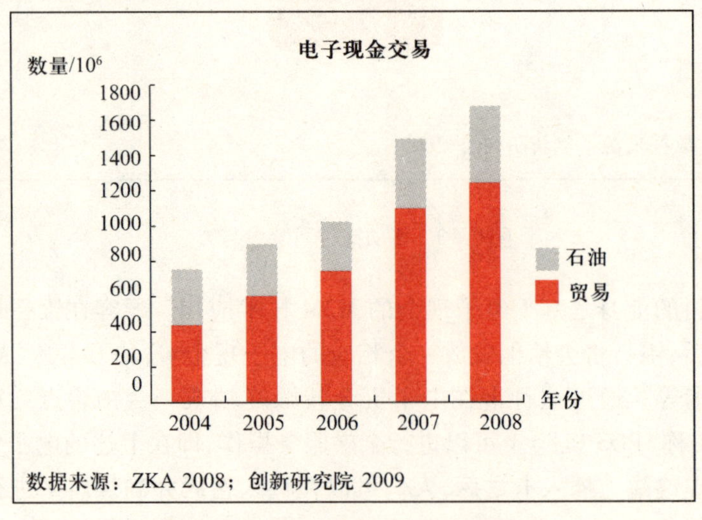

图5－5　德国电子现金交易发展状况

在过去，由于缺少全球范围内的通信标准，使支付解决方案中的软件集成变得非常困难。20世纪80年代，存在着不同的销售点终端系统，这样就带来了系统之间的不兼容性，只有当这些系统能够连接到一起的时候，才能够充分发挥银行卡的支付潜力。在未来一些年内将可能会出现统一的银行卡支付方式。

现在市场上出现了一些事实标准，如国际加油站标准协会（International Forecourt Standard Forum，IFSF）的POS-EPS接口或者开放支付体系（Open Payment Initiative，O. P. I.）接口，这些事实标准将可能实现软件系统的统一。通过电子协议应用软件（Electronic Protocols Application Software，EPAS）项目将可以达成欧洲范围内的通信协议标准，未来这将会减少不同通信接口的多样性。

对于很多餐馆、移动商贩和其他一些行业，由于他们通过电缆来进行通信是不现实的，所以这些地方就不能进行在线的身份认证操作，这时候可以通过全球移动通信系统来实施其他的解决方案。这种集成了移动电话模块的终端在目前发展得越来越快，因为通过移动电话进行数据传输非常便宜并且安全。

一直以来，支付交易和相应系统的安全性是一个重要问题。通过复制支付终端、窥探银行卡密码或者其他方式都将使银行卡支付变得不安全。尽管如此，相对于其他领域来讲，银行卡支付领域内的安全性目前还不是最重要的问题。

目前世界范围内移动支付的发展各种各样。这种能够让顾客以更简单的方式方法来支付商品和服务的技术经过多年发展已经逐渐成熟，相应的基础设施也已经比较完善并且能够提供足够的容量，从而使得移动支付应用成为可能。下面将给出移动支付在市场上的不同应用情况。

（1）世界范围：

① 2007年欧洲前五大经济体（德国、英国、法国、西班牙、意大利）在移动银行业务领域只有6.3%的增长。赛讯咨询公司（Celent LLC）认为，这个数字到2010年应该提高到19%[63]。

② 不管是在美国还是在欧洲，移动电话并不是只用于转账，而更多用于查看账户状况和交易历史数据或者在支付过程中查看确认信息。

（2）法国：

① 2007年法国国家足球联盟开始了一项针对移动支付的共同协作模型，同时有7家银行、4家电话公司以及威士和万事达参与，以便在2010年能够通过移动电话来进行“移动球票”服务。

② 法国第二大移动网络运营商SFR电信公司在一项移动支付测试中达到了90%的顾客服务满意度，这对于移动支付的发展具有非常高的价值[64]。

（3）英国：

① 为了迎接2012年在英国召开的奥林匹克运动会，伦敦政府正在抓紧相关的基础设施建设，以实现“移动门票”等服务。

② 英国最大移动网络运营商之一的 Orange 电信公司和最大的信用卡机构之一的巴克莱信用卡(BarclayCard)希望在未来能够给他们庞大的顾客群体一同提供移动支付应用。这两个如此重要的企业之间的合作将会给市场带来一个耀眼的火花。

(4) 德国：

① 弗里斯特调查公司研究中心的一份研究报告表明,2007 年只有 4% 的德国人通过互联网来进行移动支付[65]。

② 目前在德国市场上存在着一些孤岛式解决方案和移动支付试验性项目："mpass"项目(沃达丰电信公司、O_2 电信公司)、票务服务(德国铁路、汉莎航空公司)、手机邮费服务(德国邮政)、通过近距离无线通信在不同大城市间进行停车手机支付(德国铁路、沃达丰电信公司、T-Mobile 移动电话公司)。

③ 奥格斯堡大学(Universität Augsburg)的研究组织 wi-mobile 的调查表明,每两个德国人中就有一个人希望能够通过移动电话来进行支付。

(5) 美国：

① 星巴克咖啡公司已经在美国把移动支付作为苹果智能手机(iPhone)的一个应用程序,这个试验项目将在其西雅图和硅谷的 16 家分店中进行。顾客可以通过移动电话上的二维条形码来支付饮料费用和充值,并且在任何时间、任何地点都可以通过手机来查看他们的账户情况。

② 咨询企业艾特集团(Aite Group)认为,移动银行的顾客将会从 2007 年的不到 200 万快速增加到将近 3500 万[66]。

③ 一项针对 2500 个美国人的问卷调查表明,到目前为止,只有 1.5% 的人已经使用过一次以上移动支付,而 50% 的人虽然有机会但却没有使用[67]。

④ Javelin 战略和研究公司(Javelin Strategy & Research)在 2008 年 1 月的调查中披露,在 23 家提供移动银行服务的顶级金融机构中,将近 70% 使用了手机网页浏览器,近 26% 只是通过文本信息的方式,只有 5 家银行提供了可下载的应用软件[68]。

(6) 日本：

① 市场领先者——都科摩通信公司(NTT DoCoMo)和他们的竞争对手从 2004 年开始已经销售了超过 5000 万台带有索尼专用芯片的移动电话,在这种网络电话上可以实现移动支付,但是由于这种原因只有非常少的日本人购买了相应的设备[69]。

② 2008 年有 20% 的日本人使用过移动支付解决方案[70]。

③ 都科摩通信公司的 iD credit service 项目是过去 12 个试验性项目中唯一一个目前仍在继续进行的项目。

(7) 马来西亚：

明讯电话公司(Maxis)和马来西亚银行(Maybank)在 2009 年开始和诺基亚、威士合作推出了一项基于近距离无线通信的移动支付业务,这项服务可以让用户在 1800 家"Visa PayWave"商店和 3000 家"Touch'n' Go"商店中结算。为此,顾客需要使用捆绑了近距离无线通信芯片的诺基亚6216C手机。

（8）韩国：

2002年韩国就已经开始试验通过红外线方式进行移动支付，但是这个计划失败了。自那以后韩国人把注意力转移到了移动的、无接触的支付以及用相应技术实现的中转售票，下一步他们将进行近距离无线通信领域的试验。

在世界很多地方有很多试验性项目正在进行，市场的先驱者也已经完成了初期合作，但是在欧洲和美国市场上，移动支付的应用长期以来一直没有突破。2009年—2010年的世界经济危机又减缓了其发展速度，另外，还缺少相应的合适的终端设备。如果在移动电话的电池后盖上配备一个芯片，就有可能以非常快的速度普及具有移动支付功能的终端设备。

通过前面的试验性项目发展现状可以看出，在亚洲一些市场上，移动支付已经得到了成功应用，同时移动支付已经在人们中达到了一定的规模，但是人们还需要继续等待最终的突破。世界经济危机阻碍了这个市场的发展。

无可争议的是，很多人已经逐渐了解到移动支付的作用并且希望能够使用移动支付。在世界范围内对近距离无线通信测试的评价分析表明，有将近70%的顾客在使用移动支付过程中获得了愉快的经历[71]。但是大部分人也希望能够在更多的店里应用移动支付方式，这样将会有更多的人使用移动支付，也将会对这个市场产生“吸力效应”。

其他一些市场观察人员认为，首先应该在所有潜在顾客中提供能够进行移动支付的设备，通过这种方式可以培养对这种应用不断增长的需求，从而可以很快地达到市场临界点。

在什么程度上近距离无线通信将可以达到突破的关键点，也是一个很有意思的问题。目前根据联合商业情报公司的研究计算，2009年移动商务的交易总量大约为16亿美元，但它并不是通过近距离无线通信进行的[72]，通过近距离无线通信方式来进行结算的金额相比而言微不足道。

移动支付在经济方面的优势已经通过研究得到证明。在一个市场测试中，一个咖啡屋可以通过移动支付方式来进行结算。该测试结果表明，有将近30%带有移动支付设备的顾客会经常光顾，并且这些顾客的消费额比平常增长了10%[73]。特别对于一些非常小的消费额来讲，人们更多是用移动支付来结算，即移动支付方式是所有支付方式中的首选。法国布伊格电信公司（Bouygues Telecom）的一项研究证实，顾客为了能够在“中转售票”中使用近距离无线通信服务，愿意每月另外支付1欧元~2欧元的费用[74]。

预测和前景

在电子资金领域内，尽管移动支付是面向一个更成熟的市场，但是它还不会在短期内对其他电子资金支付方式产生威胁，其原因一方面是人们习惯的强大惯性，另一方面是目前移动支付主要用于一些小额支付或者一些需要快速支付的场合。在相当的一段时间内，对于一些大宗购物来讲，当面的银行卡支付或者网上银行转账等还将是主要的支付手段和方式。

但是一旦移动支付能够顺利解决在发展初期遇到的一些问题（如标准、兼容性和安全性等）之后，上面描述的现象将会很快发生变化。在未来，如果销售点终端能够和全球移动通信系统连接在一起，这种变化更是顺理成章。同样，银行卡支付在未来会变得更加具有移动性，并且可能会有如同移动支付中的移动电话一样的通信媒介。

在移动支付市场的发展方面，顾客能够以什么样的速度对这种新的支付方式建立信任将具有决定性意义。人们目前习惯于使用信用卡进行支付，这种习惯的改变需要一个相当长的时间，主要是因为人们对这种支付方式已经具有足够的信任。在发达国家这种习惯的转变看起来需要特别长的时间，因为在这些国家已经有非常好的基础设施为移动支付的替代支付方式服务。反之，对于一些发展中国家，通过这种服务所带来的乐趣和享受，移动支付完全能够在很多人第一次使用后就获得足够的信任。一些市场观察人员认为，移动支付可以在一定地区范围内首先用于天然气、水或者电力费用的支付。

从长远角度来看，移动支付的目标是能够将目前所存在的一些支付方式（现金、信用卡、银行转账等）集成到一起，从而给客户提供不同的服务。另外，移动支付在小额费用的支付方面，特别是在一些不可能使用现金进行支付的场合，具有更大优势，如每次支付费用在 1 分钱以下，又如人们在使用网络服务的时候可以根据浏览次数或者根据每页进行支付。

移动支付的关键技术是近距离无线通信。目前世界范围内有很多移动支付提供商提供的移动支付都是基于近距离无线通信。近距离无线通信是无线射频识别的一个分支，未来在所有的移动电话和结账终端上都可以发现近距离无线通信的应用。全球移动通信协会（GSM Association，GSMA）正在进行用手机付账（Pay-By-Mobile）计划，可以在用户身份识别模块中存储近距离无线通信顾客数据。其他类似方法可以把顾客数据储存在移动电话中一个特定的存储区域。

下面的应用从短期内来看是很有希望实现的：威士希望在咖啡馆、超市、便利店和其他类似地方应用移动支付，因为在这些地方结账金额相对都比较小并且结账的快速性具有特别意义。这里的移动销售终端既可以应用于有服务人员的销售点，如小卖部或日用品商店，也可以用于无人销售点，如自助洗衣房。几乎不可能对移动支付在这些场合的应用进行非常可靠的预测，移动支付在每个领域的发展也各不相同。

相对于其他支付方式来讲，小额消费结算是移动支付的一个特别优势。在远程商务交易(Remote Commerce)如网络消费服务中,如果采用按次浏览进行支付的话,那么可能会出现每次所需要支付的金额远远低于1欧元,这种情况下,移动支付就给消费结算提供了一个合适的平台。另外在一些偏远区域,当缺少电子商务的基础设施或者无法应用其他的信用卡支付方式时,移动支付将给人们提供一种可行的结算方式。

原则上来讲,移动支付领域内的市场发展也同样依赖于临界质量点到达的速度,但是更重要的是,移动支付应用基本环境的发展也值得关注。首先要在大量人群中装备可以进行移动支付服务的终端设备,这些终端设备不仅仅提供技术上的功能,而且要具有合适的接口。智能手机的快速发展给上述条件的实现提供了希望。Auriemma 咨询集团的一项调查表明,在 511 个被访问的消费者当中,有 12% 的人愿意更换他们的移动设备以便能够享受到移动支付技术的优点,有 15% 的人愿意购买相应的移动电话[75]。

市场研究机构 Juniper Research 预测,2013 年将有 1/5 新销售的移动电话中带有近距离无线通信芯片[76]。Collis Asia 的管理人员瑞克·许(Rick Hsu)在 2009 年的《电信亚洲》(《Telecom Asia》)报告中称,具有近距离无线通信功能的移动终端设备将在 2 年~3 年内在市场上得到广泛的普及[77]。eCom Advisors 公司指出,移动支付技术在不同人口群体中的适用情况和很多人的想像存在非常大的差别,不是只有年轻人才使用移动支付技术。人们发现,移动支付的试用主要与移动支付所能实现的功能有关,和人口年龄结构没有多大关系。

在当今,年纪比较大的人对于具有移动支付功能的设备更加信任,Mercatus LLC 咨询公司预测在未来 10 年内将有一半小于 35 岁的成年人会使用移动支付[78],在超过 45 岁的客户群体中,移动支付的传播速度可能会相对慢一点。

Tyfone 公司的一项专利技术将使得人们不再因为要使用移动支付功能而需要更换整个终端设备,通过在终端设备的通用储存卡插槽中插入一个模块后就可以实现移动支付功能。这种技术的出现将使具有近距离无线通信功能的终端设备的发展速度变得非常快,从而将加快移动支付的发展速度。

另外,近距离无线通信芯片的载体也不一定非常昂贵。除了智能手机、笔记本电脑和其他类似的设备,近距离无线通信芯片也可以安装在手表里面,通过这样的方式可以加快人们更换目前设备的速度。

无论在任何情况下,任何具有移动支付功能的载体都应该能够实现个人安全设备的功能。一般来讲人们都会随身携带移动电话或手表,这样顾客就可以在任何时间和任何地点进行移动商务,移动商务的服务内容将不仅仅局限于目前已经流行的下载铃声、游戏和音乐等,并且可以扩展到如地理位置信息服务、在时间比较短暂的"限时特价销售"中购买东西、个性化预警服务、对于一些信息的动态监控等。

通过移动支付，商店将可以具有更多与顾客的接触点，这样就可以建立起一个更好的顾客关系，并且可能提高销售额。

当然，目前移动支付试验项目中的每个参与者都希望能够给客户提供移动支付服务。要想尽快建设一个坚固的移动支付基础设施，需要上述众多参与者的共同努力。

如果希望在短期内大范围普及移动支付接入点的话，那么，由此所需要的对目前基础设施的改建所带来的高额费用将是一个非常重要问题。

此外，不能够忘记的是，要想达到移动支付的成功首先必须达到两个临界质量点（图5-6）：一个是顾客，另一个是移动支付的接入点。威士预计，2012年移动支付将非常流行，并且移动商务的市场可能将于2014年超过网络商店。

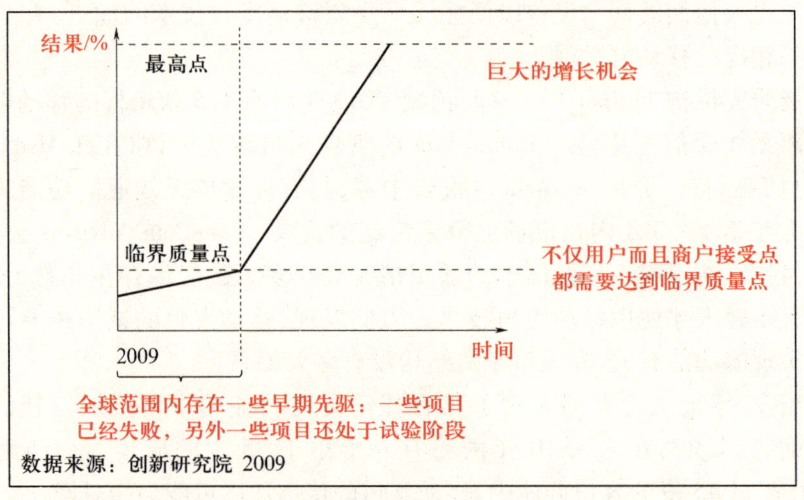

图5-6 移动支付的传播—网络行业中的典型发展过程

移动支付要在世界范围内取得成功，必须符合一些标准（技术的、经济的、社会的），对此，除了电话运营商和银行外，其他一些角色也起到关键作用，如图5-7所示。

横向 M2M 集成

从目前发展的情况来看，移动支付的发展速度并没有人们预先想象的那么快。全球范围内有各种各样的市场测试正在进行，目前一些早期就提供移动支付应用的服务商还活跃在市场上，而其他很多服务商已经彻底从市场上消失了。

从战略角度来看，M2M主题下的移动支付对于所有行业都具有特别重要的意义。从网络效应理论可以知道：当一个技术标准首先被确立起来之后，那么它将可以主导所有在其后出现的其他标准。但是对于移动支付领域来讲，其情况非常复杂，所以必须很多企业进行合作。

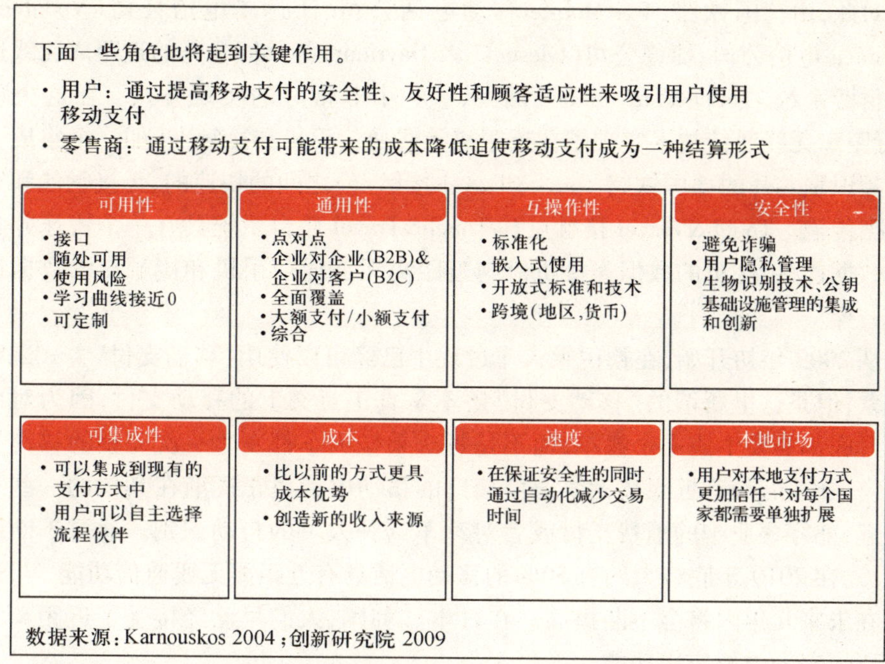

图 5－7　移动支付的期望

在移动支付领域内，横向集成（图 5－8）的挑战带来了上述复杂性。这不仅仅涉及到整个流程链中不同的企业需要采用同一个标准，而且这些来自不同行业的各种类型企业本身也要通过不断的相互合作形成非常紧密的联系。对于进行标准化所需要的特别紧密的合作来讲，迄今为止还只有很少的接口。

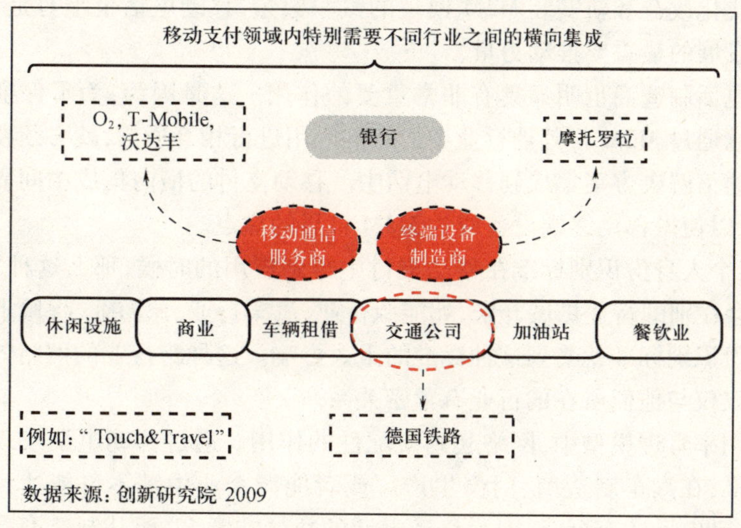

图 5－8　移动支付的横向集成

对此，由德国铁路、T - Mobile 移动电话公司、沃达丰电信公司（Vodafone）、Telefonica 电信公司、捷德公司（Giesecke & Devrient）等共同参与的近距离无线通信手机付费系统“Touch&Travel”项目展示了一个非常好的实现方式。在这个项目中，近距离无线通信技术实现了在近距离无线通信手机和接触点（如一个集成了无线射频识别芯片的德国铁路 Touch&Travel 接触点）之间的快速的、无接触的和安全的数据传输。Touch&Travel 接触点和 Touch&Travel 后台系统具有一个快速并且安全的数据连接，这里的数据连接机制与近距离无线通信手机和接触点的数据连接机制一样。

从 2009 年初开始，在德国乘火车过程中已经可以使用“移动支付”方式来购买火车票，但是这里所谓的“移动支付”还不是真正意义上的移动支付，因为对此在每个月底都需要生成一个账单，而不是每次乘坐火车都发生一次完整的移动支付过程。在欧洲，带有近距离无线通信接口的移动电话也正逐渐在其他的一些行业内兴起，如零售业中的消费支付或者对汽车驾驶人员的自动识别。通过不断的市场推广，在 2010 年底将大约有 50% 的移动电话具有近距离无线通信功能[79]，这个比例在未来几年内将会不断提高。在日本和韩国，人们早已经接受了近距离无线通信所带来的类似应用功能。

可以确信的是，一旦这个标准在移动支付领域里面得到成功应用之后，那么它同样也可以用于其他行业中的 M2M 技术应用，例如，建筑管理、交通工具远程控制、电动汽车充电结算系统及所有其他包含移动电话的 M2M 应用等。相对于每年销售的 2600 万部新手机来讲，每年只有大概 300 万台新汽车和 20 万座新建房屋[80]。如果在所有新手机、新汽车和新房屋中都能够应用 M2M 技术，那么即使算上房屋现代化改造和新安装 M2M 模块的汽车数量，移动电话也绝对是 M2M 应用中新技术发展的最重要推动力量。

移动电话制造商也明显具有非常重要的作用。这是因为，为了保证移动电话在未来可以通过 M2M 与其他行业中的不同应用进行相互通信，就必须要把各种各样的无线通信解决方案集成到移动电话中。移动支付的横向集成中间需要进行大量的合作，以使得移动终端设备成为 M2M 世界的焦点。

例如，个人身份识别标准在移动支付中得到应用的时候，那么这种“杀手级应用”也将会在别的行业扩展开来，如能源行业、汽车行业、旅游业、保险业以及医疗业中的身份识别标准就受到这种标准的重大影响。这种跨行业的网络效应将使得企业不再仅仅与他们所在的行业有紧密关系。

在试用率管理模型中，网络起到支配性的作用。通过移动电话实现的个人身份识别标准，在汽车制造商、门窗生产厂或者能源企业中都不可能达到临界质量点，只有移动电话才有可能，因为移动电话的数量非常多，而其制造商数量相对比较少并且对手机进行近距离无线通信功能升级相对比较简单和便宜。这些因素将对个人身份识别标准在市场上的扩展具有重大影响。

移动支付是一项非常关键的技术,在这个市场上已经有很多企业参与其中,目前在这些企业中还缺少着金融服务商的身影,但是在德国铁路中的应用实例表明:即使没有金融服务商的参与也可以实现移动支付。

第 6 章
贸易和物流

“通过物流和贸易中的 M2M 技术纵向集成，
可以显著地降低成本和有助于避免操作错误”

马蒂亚斯·霍伊里希
REWE für Sie eG 公司监事会成员

为什么要在物流中应用 M2M

在当今全球化的世界中，每天都有大量的人和货物通过“机器”进行流动，由此所引起的无论是在陆地上、水上或空中不断增多的物料流动必须被有效协调起来。M2M 技术在运输和物流领域具有巨大的应用潜力，能够给物料流动中的协调任务提供非常大的帮助。另外，产品从生产到销售的中间流程变得越来越复杂，这里也存在着大量对于流程优化的需求。

M2M 技术为运输、贸易和物流提供了各种各样的应用可能，例如，车队管理和供应链管理、道路通行费管理、海关、超市购物以及其他很多应用场合。我们首先以车队管理来作为一个示例进行分析：在过去几十年里，货物跟踪系统得到了广泛应用，该系统实现了对物体的动态监控和跟踪。货物跟踪系统的基础是美国的全球卫星定位系统，全球卫星定位系统覆盖了全球并且可以提供卫星定位服务。通过全球卫星定位系统不仅可以确定一个物体的位置，还可以确定物体移动的速度和方向。

结合全球卫星定位系统的 M2M 应用的基本结构如图 6－1 所示。

这里描述的系统是一个端到端（End to End）解决方案。在这里数据集成点是一个移动的对象，如一辆货车。与数据终端的通信可以通过全球移动通信系统移动电话网络完成，如车队管理控制中心就是一个数据终端。移动物体的定位由全球卫星定位系统来完成。交通工具上的信息技术应用（如导航设备的软件）构成了对于驾驶人员的接口，通过这种方式驾驶人员可以获得相关信息。基于上述原

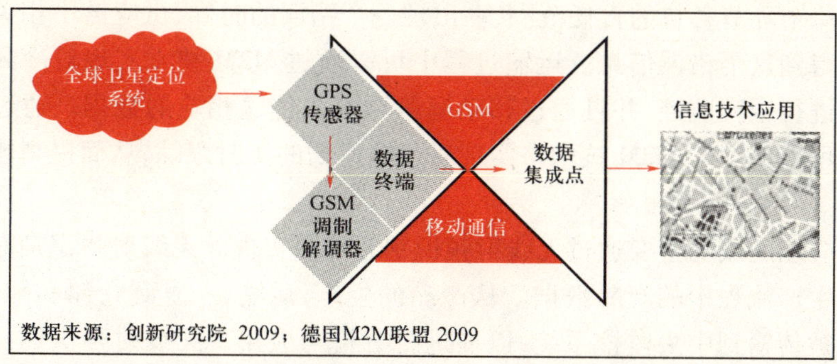

图6－1　结合全球卫星定位系统的M2M应用的基本结构

则的高速公路收费系统可以监控行驶在高速公路上的货车，甚至可以实现高速公路通行费的自动结算。

车队管理的原理与此类似，只是出发点和目标不一样而已。

从图6－2可以看出，只需要在交通工具中对上述系统稍加变化就可以实现相关的功能，而且相对于所能达到的效果来讲，所需要的成本很低。

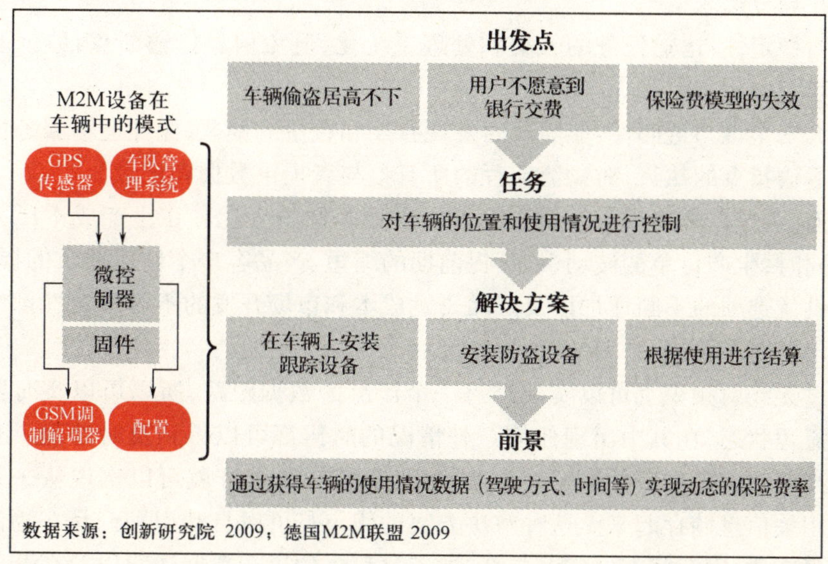

图6－2　车队管理

另外，供应链管理（Supply Chain Management，SCM）也可以从M2M解决方案中获益，如对冷链物流全程的无缝监控或者运输时间的精确计算。M2M技术在供应链管理中应用的推动力来自于对产品质量的高要求、避免损失、给路线优化提供更详细的基础数据以及相关法律规定。

供应链中的每个成员都可以通过互联网查看跨企业货物运输的相关数据，并且可以根据他们各自的需求对这些数据进行分析。在一个冷链物流中，系统可以明确划分每个环节各自的责任范围，在出现一个错误的时候，供应链中相关成员能够很快地得到这个错误信息。运输过程中可以通过M2M技术实现对冷藏车中的车厢温度进行全程监控，并且通过移动通信网络来传输相应的数据。通过类似的方式方法可以借助于M2M技术来实现对运输货物的实时跟踪，从而提高顾客服务的满意度。

上述应用的成功主要通过无线射频识别芯片来实现。无线射频识别芯片可以记录整个生产流程中的产品数据。从产品的生产、运输，一直到仓储和配送，这些数据可以被传输到中央监控系统，以便进行分析与应用。无线射频识别能够实现运动物体的识别和定位，并且减轻了数据收集和储存的负担。一个无线射频识别系统由一个发送器（Transponder）和一个接收器（读取设备）组成。通常发送器只有一个米粒大小并且与物体连接在一起，接收器用来接收发送器所发出的信号。无线射频识别中间件构成了这两个系统之间的接口。

使用无线射频识别进行物流流程的优化具有以下三个方面的主要优势。

(1) 降低成本：提高运输效率，减少无效运输，降低仓库库存，自动化，配送订单的合并与分解。

(2) 稳定性：运输任务的收集和处理系统化，避免信息传输断点，数据基础的统一化和完全化。

(3) 安全性与透明性：能够及时发现日期和数量的偏差，保证运输服务协议的履行和运输指令的执行，对物流流程的所有参与者提供数据和记录。

目前，全球范围内生产环境已经发生了根本性的变化。在生产成本压力不断增加的同时，生产订单的波动、订货提前期的缩短、产品客户个性化需求的提高、同类产品供货选项的不断增加以及产品研发成本和市场开发的不可预见性都给企业生产提出了更高要求。

通过无线射频识别可以实现对每一个产品的数据跟踪，所以可以实时监控整个物流流程状态，在其中出现任何意外情况的时候都可以得到及时处理。有关每个产品当前状态和位置的数据一直都可以随时获得，这样就可以实现从一开始便把产品相关信息储存起来。这种解决方案的优点是可以自动识别产品在物流流程中的位置变化、库存状态的实时更新、加工过程中的生产数据透明以及在产品出入库时可以在管理系统中自动进行销账操作。为此需要在生产的一开始就给每个产品都配带一个无线射频识别芯片。

通过对每个物品的实时数据的读取将使流程变得更加优化，生产过程也将变得更加柔性化和可控化，这对于企业的客户关系管理（Customer Relationship Management，CRM）也同样有益处，因为自始至终顾客都可以知道他们所订购的产品在生产过程中的状态。

在产品离开生产车间运往销售商的过程中，通过前面所述的货物跟踪系统可以获得运输车辆的实时位置,再通过产品上的无线射频识别芯片以及车厢里的其他传感器,就可以在任何时间远程获得该产品在运输过程中所处的地理位置及实时的外部状态(如通过车厢内的温度传感器可以了解到该产品所处的环境温度),这些功能全部由系统自动完成。这对于冷链物流来讲尤为重要,因为冷链物流的整个流程不允许出现任何断点。其次,通过这种方式可以很容易准确计算车辆到达时间。另外,由于可以实时地了解到产品所处的位置,就可以实现产品的防盗保护,提高物品在整个物流流程中的安全性。

在产品到达销售商的时候,通过无线射频识别技术可以自动实现产品收货流程并且可以通过短信息和通用分组无线业务给供应商自动发送收货凭证,也可以使从供应商/运输商到销售商的产品责任转移精确到秒,这样也给产品质量问题的界定提供了方便。

这里提到的产品在货物接收和最终销售之间还存在一个临时仓储环节。通过无线射频识别的读取设备可以获得产品的相关数据,也可以实现自动入库操作以及随时了解产品在仓库中的库存数量与位置。仓库中的运输设备及其他仓储设备可以通过 M2M 技术与仓库管理系统自动联系到一起,通过仓库管理系统对仓库整体资源的有效集成,可以更加有效地管理仓库内部的运输操作和提高仓库管理的效率。

M2M 技术在物流流程中的应用可以带来如下一些好处。

(1) 生产:控制生产流程,监控工作流程,在生产过程中可以随时获得相关的状态信息。

(2) 销售:提高产品可获取性,通过全自动的信息基础可以实现更好的客户关系管理,降低成本和提高销售额。

(3) 运输:优化产品容器具管理,使货物的远程跟踪变得更加简单,可以实现贵重产品的防盗。

(4) 入库:入库自动化和接收确认自动化,产品责任权转移快速化。

(5) 库存:产品仓储位置和数量的自动识别,通过智能的仓库管理系统实现仓库内部货物运输的优化,提高仓库管理效率。

另外的一个应用领域是自动售货机。人们在很多地方都可以看到自动售货机,很多产品可以通过自动售货机来实现无人销售,如零食、饮料、玩具、各种票证、护照照片或者停车凭证等。通过现金或者银行卡,每周 7 天,每天 24 小时人们都可以在自动售货机上购买他们需要的产品。对自动售货机内货物的库存数据和自动售货机本身状态的监控是自动售货机运营商们面临的一种挑战,而通过 M2M 技术的应用可以实现自动售货机的远程监控和控制。自动售货机可以随时检查货物的库存状态,在需要进行补货的时候自动发出补货订单。运营商在及时了解到所有自动售货机的缺货品种和数量信息后,就可以更好地组织对它们的补货流程,如配送路线优化等。剩下的工作将主要由物流来完成。在自动售货机发生故障的时候,运营商可以及时获得相关信息并进行及时维修,从而可以显著降低自动售货机的故障时间。同时运营商可以根据销售季节的变化情况在远程及时调整所销售货物的价格或者在自动售货机的显示屏上发布广告。通过 M2M 技术在自动售货机中实现上述功能将会大大增加其赢利能力。

上面所述的 M2M 技术在自动售货机中的应用原理同样可以用于食品商店中。对于其他行业,同样的原理也可以用于设备库存或者缓存的状态自动检查中,在需要进行补货的时候,设备本身可以自动发出补货指令,通过这种方式将可以实现补货过程的自动化。

发展现状

M2M 技术在物流中的应用具有越来越重要的意义,这种解决方案允许物流流程中的所有参与者能够及时根据变化的顾客期望、外部条件和交通状况灵活地进行相应调整,这样企业不仅能够实现操作流程的透明化,而且可以提高他们的灵活性和响应速度。相应的数据传输和处理技术保证了在制造商、供应商、运输服务商、销售商和顾客之间无缝流畅的信息流。但是并不是所有企业都期望这种不断提高的流程透明化。目前有一些企业通过“不透明”来获得好处,并且担心应用 M2M 技术所带来的透明化会带来不可预见的结果。企业的态度决定了市场的发展。

Berg Insight 公司认为,目前 M2M 技术在物流中的应用主要集中在运输方面。移动网络运营商提供了一个几乎覆盖所有范围的网络,并且该网络的价格还可以被人们接受(图 6-3)。同时,移动计算提供了一个空前的处理能力以及优良的实用性。但是当前的经济危机减缓了 M2M 技术在物流中的发展应用,一些企业的计划都变成短期行为,并且对于企业来讲,有关 M2M 技术应用方面投资的负担也变得越来越重,所以 M2M 的相关试验数量有所减少。

移动电话公司沃达丰和 O_2 针对运输和物流领域内的特别需求提供了一个量身定做的应用解决方案。这个车队管理系统(Fleet Management System)实现了在车队和调度中心之间的无缝实时通信,并且不需要在车辆上面安装专门的车载单元(On Board Unit,OBU)。调度中心可以直接在互联网上发出相关指令信息,该信息通过相关系统直接被传递到指定车辆。这个车辆管理系统的应用前提是足够的移动电话网络覆盖范围。目前欧洲移动电话网络已经能够无缝地覆盖所有的高速公路、国道和省道,所以其应用完全没有问题。

Berg Insight 公司的调查表明,目前基本上所有生产载重汽车的大型制造企业都在他们的汽车上安装了委托代工(Original Equipment Manufacture,OEM)电信设

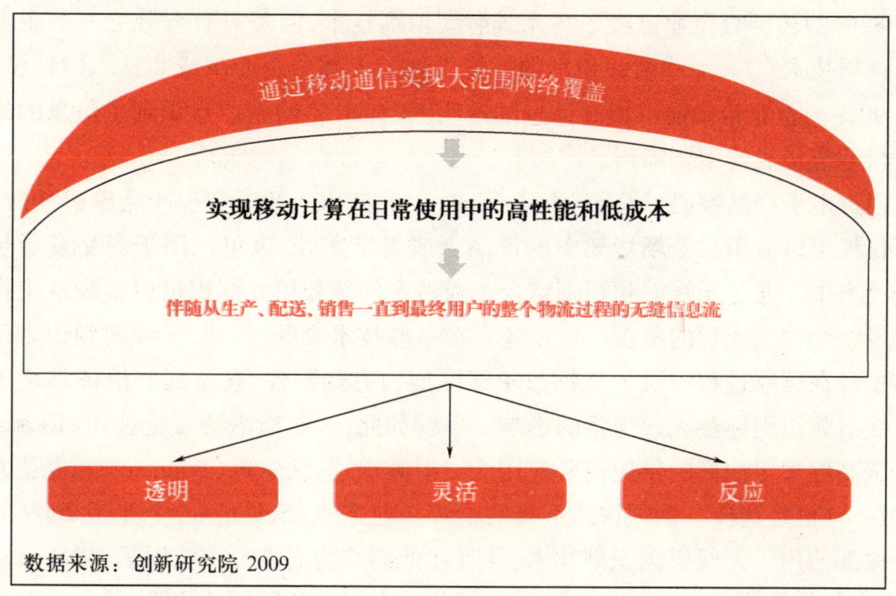

图6－3 移动通信作为推动力

备解决方案，这样就可以通过第三方来读取汽车的相关信息。REWE für Sie eG 公司监事会成员马蒂亚斯·霍伊里希认为，在德国已经有 90% 的载重汽车上安装了这种车载单元。与此相关的一个重要的事件是 2008 年出现的一个可以实现“远程下载”汽车行驶里程数的解决方案。

在荷兰，大约有四分之一的物流企业应用了运输管理系统，其中几乎所有拥有超过 100 辆车的物流企业都应用了，但是在少于 10 辆的物流企业迄今为止都没有使用运输管理系统，其原因估计还是成本问题。另外，只有 5% 的物流企业应用了 M2M 技术相关的应用。

西门子公司在前几年开始提供一项名为 M2M One（现在叫 Cinterion M2M One）的服务，这项服务填补了 M2M 技术试用者和 M2M 服务提供商之间的空白。这项技术是一项端对端解决方案，它不仅包含了软件和硬件，也包括了系统集成。这个系统是基于全球卫星定位系统。此系统的第一位顾客是墨西哥第二大汽车保险公司，该保险公司使用这套系统来跟踪被偷盗的汽车。西门子公司同样也在很早以前就在市场上推出了地理栅格解决方案，该解决方案可以实现在一个特定的区域内记录被观察对象的进出情况。

目前无线射频识别技术在物流领域得到了广泛应用，也出现了很多行业内应用。马蒂亚斯·霍伊里希认为，到目前为止，物流领域内大概有 30% 的企业已经在实践中使用了无线射频识别技术。柏林应用科技大学（Beuth Hochschule für Technik Berlin，TFH Berlin）在 2007 年进行的一项网上调查显示，在柏林和勃兰登堡有82%的被调查企业已经了解无线射频识别技术，但是只有五分之一的企业使用了这项技术[81]。无线射频识别的性能得到了大部分企业高或非常高的评价，有超过90%的企业希望能够提高信息的透明度，有81%的企业意识到了信息的缺乏是进行系统集成的主要障碍。

通过电子产品编码（Electronic Product Code，EPC）可以实现产品编码的统一。这不仅仅可以应用在商场货架中的产品上或者结账处，也可以用于商品发货包装和托盘当中。通过无线射频识别结合企业特定的装载单元标识可以实现从生产到消费者整个物流流程的覆盖。目前还存在一些技术难题，例如，无线射频识别读取设备本身在读取过程中对于货物数量读取能力有局限性，在金属和液体环境下读取无线射频识别标签无效连接的影响。尽管如此，卡尔斯塔特百货公司（Karstadt）已经强制性规定他们的供应商要应用无线射频识别，沃尔玛（Walmart）和麦德龙集团（Metro）也是这样。德国铁路下属的物流企业辛克（Schenker）企业于2009年在企业内部使用了无线射频识别技术，并且在他们的物流流程中应用了M2M解决方案，现在他们的货运车辆已经可以通过短信息来报告其所处的位置。

一个特别有意义的项目是麦德龙集团进行的未来商店计划（Future Store Initiative），参见图6-4：来自于商业、消费品业、信息技术业和服务业的90多家企业参与其中，这些企业从2002年中期开始在一个共同平台下开发一项创新的商业技术，以便能在购买过程中给消费者提供更多的舒适性和服务以及能够提高商业效率。该计划的核心关键技术就是无线射频识别。麦德龙集团在实际中利用大约

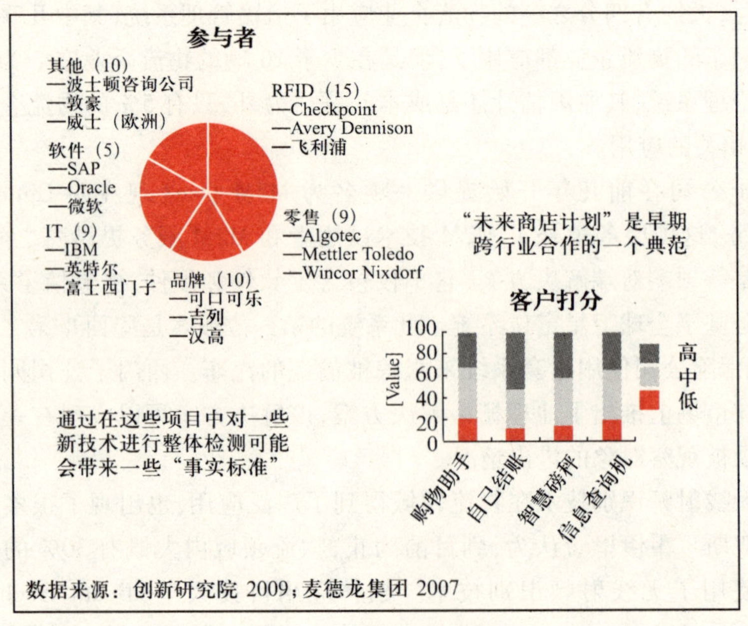

图6-4 未来商店计划

40台设备进行了试验，企业可以在不同应用领域中测试无线射频识别技术的性能。

未来商店计划中的很多创新技术在实际中得到了应用，信息终端就属于其中一种。客户可以通过使用信息终端触摸屏得到特定的商品信息，这种系统是一项基于网络的服务，它已经在加莱里亚购物中心（Galeria）得到了应用。在麦德龙集团提供的Cash&Carry服务中，顾客可以得到购物辅助设备马西（MASSI）的帮助。这台移动微型电脑可以提供个性化的价格和活动信息。还有一个已经在实际中逐步得到应用的M2M应用是自助服务结账台，在real购物中心或宜家（IKEA）内可以发现这种应用。

real未来商店（real Future Store）也是一个重要的测试平台。通过这个平台，可以在现实环境中测试与仓库管理和销售有关的创新的操作流程和解决方案。在real未来商店计划中有一项通过手机实现的应用，即可以通过手机来获得商品的相关信息，并且通过这个帮助可以很快地找到商品所处位置。在结账的时候顾客还可以使用移动支付。这是真正的M2M应用。

由于这些试验性项目允许人们进行关于商业、运输和物流的类似的创新技术流程的试验，所以每一个参与者对此类试验性项目都几乎一直保持着充分的积极性。

另外在百货商店和超市中的应用是以移动电话为中心。“宏达魔术”智能手机（HTC Magic）和苹果智能手机中已经存在一种可以分析商品条形码的软件。实际应用中，在顾客扫描一件比较感兴趣商品的条形码之后，这个软件可以得到产品编码，然后可以根据此编码从互联网上查询到该商品相关信息并进行价格比较，这样顾客就可以发现这件商品的相关详细信息和价格情况。

在自动售货机领域，这些自动售货机已经可以通过全球移动通信系统、通用分组无线业务、数字用户线路、综合业务数字网、蓝牙、ZigBee、无线局域网或者无线射频识别来传输销售信息和商品库存状态。法兰克福火车站的霍夫曼公司（Hofmann）是该领域的一个非常成功的案例，该公司在他们的80台自动售货机上面使用了上述M2M应用。

M2M技术应用在运输和物流方面存在的主要问题是系统的脆弱性、缺乏标准和数据保护，另外，还存在着便宜的全球卫星定位系统干扰器，这种干扰器可以装在汽车的点火器上面以干扰方圆5km内的信号。这样的话，在一辆汽车被偷窃时，就无法对其进行跟踪。当然也可以通过一些设备来识别这样的情况，然后采取相应的措施，但是目前对于防盗保护所使用的基于M2M技术的独立解决方案还不能够完全满足这种需求。

在所有行业中，成本是阻碍大范围内应用M2M技术的首要因素，只有一些大型企业才能够负担起实施相应系统的费用。

预测和前景

市场研究机构美国海港研究公司（Harbor Research）强调，运输领域属于 M2M 市场中增长最快的一个部分[82]。Berg Insight 公司的调查研究表明，在 2008 年整个欧洲范围内一共有大约 2.54 亿辆机动车[83]，2006 年大约 600 万辆的中型和大型载重汽车承担了欧盟内大约 75% 的内陆货物运输量[84]，70 万辆的公交汽车承担了大约 9.3% 的乘客运输量，有 2720 万辆微型车用于上下班和配送服务[85]。一旦经济危机过去之后，这些数字将会出现长期的不断增长。德国交通部的一份报告表明，到 2050 年德国的货物交通流量将会比 2007 年翻一番[86]。

上面这些数据表明，单单在欧洲 M2M 技术就具有巨大的发展空间。所有机动车辆都需要导航、监控、维修以及防盗，但是在机动车辆中集成 M2M 技术还只是部分应用。很多车辆都在运输货物，这些货物同样需要进行监控，以便在一些信息系统的帮助下提高客户满意度。可以在空中、海上或者铁路运输过程中对集装箱进行连续的、无缝的跟踪。世界货物运输量的不断增加也使得物流对于 M2M 技术的需求不断增加。

Berg Insight 公司预计，欧洲范围内车辆管理系统的数量每年将以 20.5% 的增长率增加。这就意味着，欧洲内的车辆管理系统将会从 2008 年的 110 万套增加到 2013 年的 330 万套[87]，同时公用车辆的比例也将会不断增加。根据预测，公用车辆的比例将会从 2008 年的 3.1% 增加到 2013 年的 9.3%[88]。这种增长也会带来 M2M 市场的巨大发展潜力。

目前，美国国防部控制之下的全球卫星定位系统是物流应用中的跟踪解决方案的基础，但是值得注意的是，在未来一些年内全球卫星定位系统将会面临竞争，其他一些国家也在研发卫星导航系统，如俄罗斯的“格洛纳斯”系统，中国的“北斗星”系统以及欧洲的“伽利略”系统。目前还不清楚这些全球卫星定位系统的竞争对手究竟在什么时候才能提供民用的导航服务，但是可以确定的是，这些新的、现代的卫星导航系统将能够使 M2M 技术的效率和性能得到进一步提高。

在很多企业实施精益管理的过程中，M2M 技术在仓储、内部生产协调和运输中具有非常大的应用潜力，这里的关键是通过自动化实现精益化，这样可以降低成本，提高生产率以及实现竞争优势。在类似于亚马逊公司（Amazon）的这些企业，每天在他们仓库中有大量的出入库操作，通过 M2M 技术实现的自动化将在面对这些操作的时候具有很大优势。但是目前很多企业首先要必须战胜经济危机之后才能够进行 M2M 解决方案方面的投资。

通过应用 M2M 技术可以实现整个物流流程的优化。M2M 技术的应用对于百货商店、电子商务和超市等来讲特别重要，因为通过M2M技术的应用可以使这些企业实现物流流程的更加透明、降低成本、保证产品质量，在给顾客提供更多服务的同时还可以实现对订单的全程实时跟踪，并通过物流组织的高效有序实现成本降低。因为可以在任何时间跟踪产品所处的地点，即产品处于物流流程中的哪个环节，从而可使物流流程变得更加透明；通过M2M可以更加精确地计算运输时间并且可以自动地进行相关操作记录；通过对产品在物流流程中的整个流动过程的监控可以提高产品质量，例如，如果冷藏食品供应商不能在整个物流流程中实现对产品所处环境的温度状况进行全程无缝监控和记录的话，将无法保证产品质量，未来也就没有顾客愿意与这样的冷藏食品供应商作交易。

未来商店中的购物方式也会发生很大变化。除了在购物结账的时候可以使用移动支付和通过无线方式获得顾客购物车的相关信息外，商店还可以给顾客提供很多其他服务，例如，通过在购物车中集成的终端设备或者直接通过移动电话可以进行商品的选择；顾客选择好商品之后，在移动终端或者手机屏幕上可以自动显示该商品所处的位置，同时顾客可以通过移动终端设备来读取某个产品的详细信息，通过M2M网络顾客还可以获得产品的详细的保质期、生产背景等信息并进行价格比较。

纵向M2M集成

相对于M2M技术在其他很多应用领域来讲，运输、贸易和物流领域中的标准化话语权主要集中在价值链的终端企业手里。从麦德龙股份公司(Metro AG)实施的未来商店计划项目、前面所提到的卡尔斯塔特百货公司和沃尔玛超市有关案例中可以看出，这些企业已经在制定相关的技术标准，未来他们会把这些技术标准在他们所处的整个物料流程中强行推广实施。为了能够实现M2M技术应用的兼容性，首先需要上面这些大型企业之间进行合作。

运输冷冻批萨或者肉制品的物流企业需要在他们的车辆中安装相应的车载单元来实现对车厢温度的监控和相关数据传输。但是如果这些车载单元只能和他们特定顾客的系统兼容的时候，将无益于市场竞争。正如在其他行业中的情况一样，如果只使用专用系统，则M2M技术很难获得网络效应优势。

到目前为止人们在无线射频识别应用中都使用了统一可行的标准，这种做法应该给予很高的评价。几乎所有的大型百货商店和超市都使用了同样的系统，从而对整个市场产生影响。沿着整个物流流程的M2M技术纵向集成(图6-5)具有特别重要的意义。在一个企业决定使用一项技术之后，整个供应链内的其他成员就必须与这项技术进行兼容，那么从生产企业、批发商到物流企业直至零售商的整个物流流程就可以通过M2M技术应用来实现优化，现在这些市场参与者之间的流程已经发展得非常成熟。如很多其他场合一样,M2M 技术不仅仅可以优化现有的结构,而且可以扩展到新的业务范围。

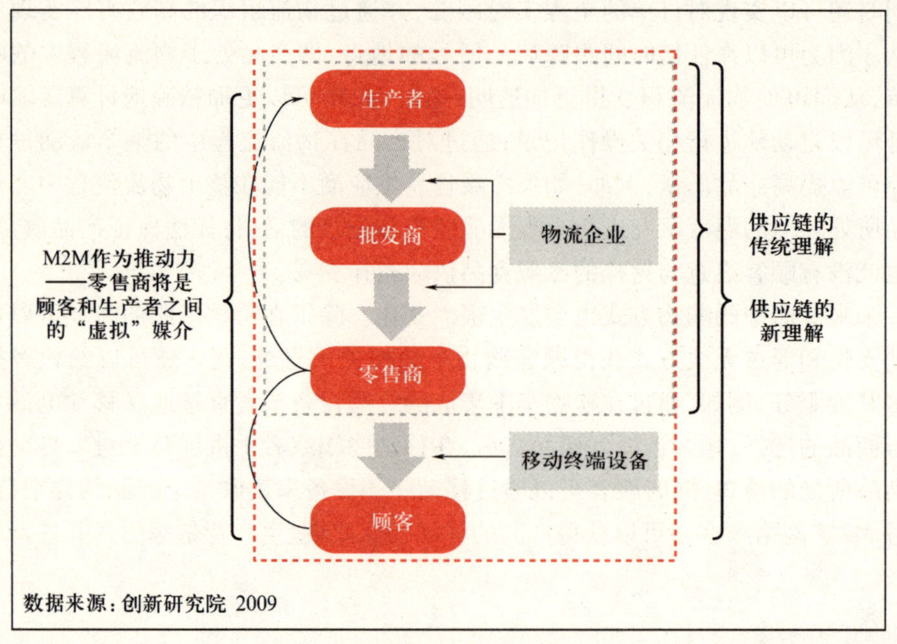

图 6-5 物流中的纵向集成

在传统商业中,零售商通常是物流流程的终点。本书中将把顾客也集成到商业物流流程中,作为一个扩展,顾客作为商业物流流程的终点拉动了整个流程中的商品流动。通过 M2M 技术的应用,零售商将作为顾客和生产之间的连接纽带。

在这种情况下,人们可以想象下面的场景:一个顾客在一家电子产品专业商店那儿寻找一款新的笔记本电脑。通过近距离无线通信技术,他的移动电话可以获得该产品的系列信息以及相应资料,并且可以从互联网上及时获得更详细的其他信息和测试报告。最终有一款笔记本电脑让这个顾客非常满意,但是这个顾客突然又想起来在这一系列型号的笔记本电脑中还有一款具有更大的磁盘空间和其他颜色,可是这个店里恰巧没有他想要的那一款,于是这个顾客可以通过他的移动电话来完成这个笔记本电脑的采购。他把这个产品放入他的虚拟购物筐,然后走向结账台。在那儿同样通过近距离无线通信技术进行结算,同时这个订单被自动发往他所订购笔记本电脑的制造商。制造商收到该订单之后将可以通过批发商和物流企业直接把该款笔记本电脑送到顾客手中。在上面描绘的场景中,顾客的购买过程还是通过零售商来完成,但是整个商业流程的纵向集成中,顾客处于此流程的最底端,零售商作为一个中间媒介只是起到一个把顾客的订单传递到生产企业的作用。

基于M2M技术,顾客手中的联网终端设备使得供应链、零售商和顾客融合为一个有机整体。手机制造商或者网络运营商应该在硬件或预装的应用软件的标准化中起到导向作用,以便这个有机整体中的各个部分能够互相兼容。同样值得注意的是,在运输、贸易和物流及移动支付(金融服务商)之间的联系,上述领域内的不同企业通过上述终端设备联系到了一起,这些企业的系统之间也需要实现互相兼容。

第 7 章
电动车和电动汽车

“电动汽车相关部件的标准化对于电动汽车的
成功应用具有至关重要的作用。对于电动汽车和电力网
络之间的连接(以实现电动汽车的充电)来讲,
建立跨行业的标准更为重要。
为此应该争取实现欧洲乃至世界范围内的统一标准。”

德国汽车工业联合会(VDA)

M2M 式驱动和“加油”

虽然在前面的部分章节中也涉及到了汽车和能源方面的内容,但是由于其在现实中的重要性,所以本章将重点讲述 M2M 技术在电动汽车和远程控制中的应用。无论是现在还是在未来,汽车都是人类出行最重要的交通工具。汽车在世界范围内无处不在,它在日常中的频繁使用和巨大流动性给 M2M 技术在汽车领域的应用带来了巨大潜力。

电动车,特别是电动汽车的发展是当前一个非常重要的话题。石油作为传统汽车发动机的燃料基础,长期以来一直供应不稳定并且被控制在少数几个国家手中,又由于为了保护环境而要求减少 CO_2 排放量的压力,迫使汽车行业积极研发新的汽车动力。所以从 20 世纪 90 年代开始,很多汽车制造商把目光聚焦到电动车上面。未来,我们的汽车不仅仅可以用汽油来驱动,还可以使用电力驱动。电动车本身并不能带来 M2M 技术的市场,M2M 技术只是在电动车“加油”过程中能够提供一些有价值的帮助。

目前电动汽车的充电方式主要有两种(图 7-1):一种是 Better Place 公司在 2009 年推出的“蓄电池更换站”解决方案。在这种解决方案中,汽车蓄电池不再是固定安装在电动汽车上,而是一个可更换的组成部分,当电动汽车蓄电池中的电快要用完的时候,可以在蓄电池更换站中换一块已经充满电的蓄电池。在这种情况

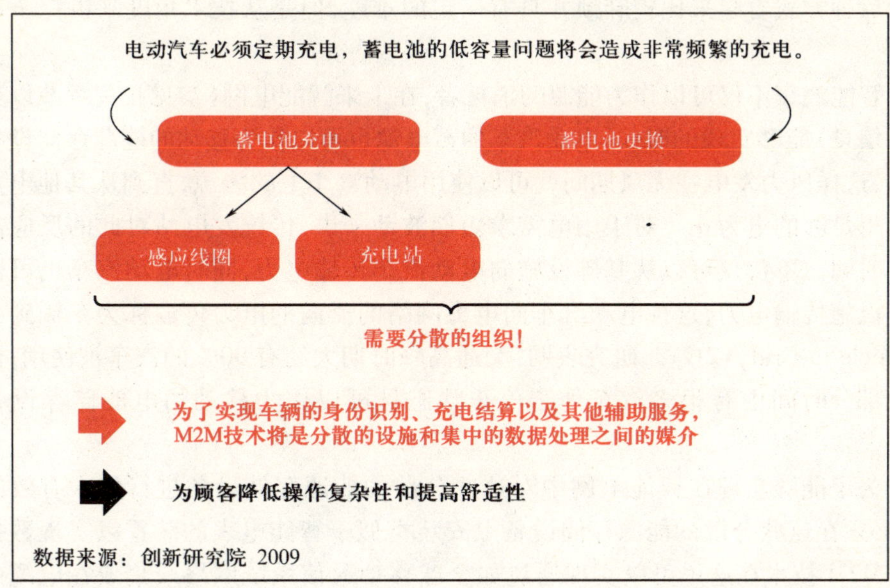

图 7－1　M2M 和电动汽车

下，更换蓄电池的费用结算可以通过 M2M 来完成。

另外一种解决方案是目前比较常见的，即把汽车蓄电池固定安装在电动汽车上，然后当电动汽车蓄电池中的电快要用完的时候，必须进行再次充电才能够继续行驶。相应的电动汽车充电设备将像目前的加油站一样，必须全面散布在高速公路和其他道路上。另外，电动汽车也可以在家里的车库内或者在公共停车场中的特别充电设备上进行充电。在城市中的一些基础设施如路灯，因为它们正是和电网连接在一起的，所以这些基础设施都可以作为潜在的电动汽车充电站，经过改造即可为电动汽车充电。M2M 技术同样可以用于这种解决方案中的充电费用结算，即在电动汽车充电的过程中，可以通过 M2M 技术在电力供应商和电动汽车之间进行数据交换，电力供应商便可以自动识别电动汽车和驾驶人员的身份，那么这种情况下的结算过程就可以自动完成。

当电动汽车的蓄电池利用“电感应”方式进行充电的时候，M2M 同样可以用于结算过程。“电感应”方式指通过在停车场或者行车道下面埋设相应设备，汽车在行驶过程中利用电感应进行充电的方式。在此过程中，汽车必须能够在充电站或者在驶过这样的感应圈设备时自动被识别。在驾驶人员身份被识别之后，充电结算过程也就可以自动完成。其他可以考虑的方式是通过车载电脑或导航设备中集成的软件或者通过带有移动支付功能的手机来结算。当然，同样可以使用传统的但比较麻烦的方式，即利用现金或者银行卡来进行支付结算。

充电结算过程中的商业模式也同样具有差异化的可能。可以应用不同的支付模式，如包月的预付费模式，或者在充电过程中根据实际充电量的实时计费方式，虽然后种方式看起来比较麻烦并具有一定的难度，但是从技术角度来讲完全可以实现。

智能汽车不仅可以作为能源的消耗者，在未来智能电网（参见相关章节以获得更多信息）能够实现的时候，电动汽车的蓄电池也可以作为移动的能源存储设备来使用，这样风力发电在无风期间就可以使用电动汽车上的能源，直到从其他电力来源获得足够的电为止。对于用电需求短期波动来讲，传统发电站对此的反应需要较长时间。不仅仅可以从基础设施向电动汽车传输电力，同时电动汽车也可以向基础设施传输电力，这种电动汽车向电力网络的反向的电力传输称为车辆到电网（Vehicle-to-Grid，V2G）。研究表明，交通高峰时期大约有90%的汽车被使用，而其他大部分时间内有很多汽车处于停止状态且可以作为移动的电能储存设备来使用[89]。

为了能够实现在智能电网中对这些分散的能源存储设备进行集中有效的管理，必须在这些分散的能源存储设备上安装类似于智能电表的装置以实现数据传输。M2M技术在这里可以实现通过如全球移动通信系统网络或集成在电缆中的数据传输设备来对这些能源存储设备发出充电或放电的指令。M2M还能够实现在特别好的条件下售电。根据电力市场的需求和供应，在特定时间内实现这些移动的电力存储设备往电网中输送电力，在此过程中可以考虑采用动态电力价格。通过和能源市场之间的数据访问，电动汽车可以自动获取当前的电力价格，并且根据这些价格信息以及用户事先设定好的条件来进行电力的购买与销售，此过程中发生的资金转移同样可以采取不同的支付模式完全自动实现。

M2M技术也可以用于汽车共享领域（图7-2）。汽车共享和汽车租赁是不一样的，相对于汽车租赁来讲，汽车共享站点的分布更加分散，并且人们只需要在汽车共享供应商那儿注册一次之后就可以非常快地租用汽车。通过移动设备可以远程登录一个汽车共享站点，然后预定指定的汽车。在到达汽车共享站点之后，通过手机等设备可以直接注册到之前预定的汽车上，然后就可以将该汽车开走。如同目前的自行车一样，电动汽车也可以灵活地根据需要来进行使用。这里的结算过程也可以自动完成，以便能提供尽可能高的舒适性。这种方式对于环境保护也有很大贡献：当这些汽车共享供应商把他们的汽车共享站点设置在城市中心边缘的时候，燃油汽车将可以在城市的“大门口”存放起来，然后人们可以根据“停车换乘”的原则在汽车共享站点很方便地换乘一辆电动汽车后继续向城市中心行驶。

关于环境保护还存在着另外一个M2M应用：M2M跟踪。除了在第4章中已经提到的为了实现城市内部环保的地理栅格外，还可以根据载重汽车的使用强度和使用范围给他们提供个性化的保险服务。根据卫星监控系统，人们可以知道能否使用电动汽车或者在哪一个区域可以使用电动汽车，相应地就可以在税收或者养路费方面制定相关的政策。身份识别、结算、监控——所有这些都将通过M2M

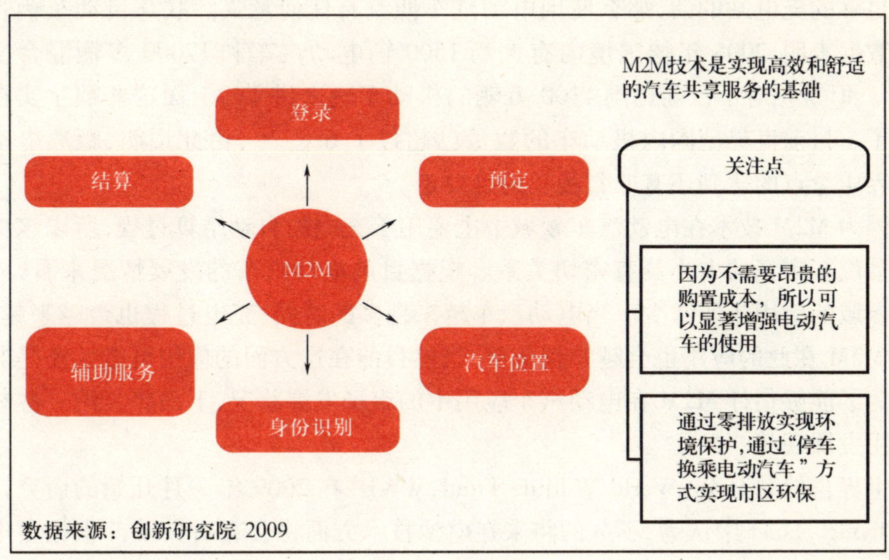

图7-2 汽车共享

自动实现。

M2M技术的另外一个重大应用领域是车辆远程控制。在很多现代汽车中，通过无线电方式来开关车门已经是很常见的，如果人们使用合适的标准还有可能实现通过手机来开关房屋大门或者车门，这样就可以用手机来开关车门及实现汽车的个性化，例如，根据对驾驶人员的身份识别可以自动地调整座椅位置、侧视镜或喜欢的收音机频道。同样，一些汽车的特定功能也可以在驾驶人员进入汽车之前实现，例如，通过移动电话可以在远程提前打开空调，或者检测轮胎气压。很多其他功能也可以在家里或办公室里很轻松地完成。

发展现状

电动汽车的发展还完全处于初始阶段，目前发展的最大阻力来自于汽车的蓄电池。除了价格高昂和笨重之外，蓄电池的主要问题是使电动汽车达到的有效行驶距离。目前蓄电池还不能提供足够的电能使一辆汽车的有效行驶距离达到几百千米，相应地，人们在驾驶过程中必须经常地寻找电动汽车充电站以便及时进行充电。根据一些评论专家的看法，目前私人汽车绝大多数单次行驶距离都比较短，并且绝大部分时间都将处于停止状态。

由于电动汽车的有效行驶距离非常短，所以相对于目前的加油站来讲，电动汽车充电站的网络必须更加密集。目前一些充电站主要还是一些试验性项目的孤岛解决方案，它只能够用于一些特别的电动汽车车型。对大部分潜在顾客来讲，如果没有足够的充电站的话，那么使用电动汽车便没有任何意义。联邦机动车辆管理局的数据表明，2008 年德国境内有大约 1500 辆电动汽车和 17000 多辆混合型汽车[90]。但是相对于目前德国 4100 万辆的机动车辆来讲[91]，上面这些数字实在是太小了。目前世界范围内机动车的数量已超过了 6 亿[92]，由此说明，距离电动汽车临界质量点的达到还有非常漫长的路要走。

因为 M2M 技术在电动汽车领域中主要用于充电的自动结算过程，所以该应用与电动汽车市场的大小具有密切关系。根据目前电动汽车的发展情况来看，M2M 在此领域的应用还非常少。当电动汽车越来越多的时候，充电过程也会越来越多，所以 M2M 在此的应用也会越来越重要，当然目前在这方面的应用可能性还是非常小。为了能够估计 M2M 在电动汽车应用中的市场发展状况，下面将介绍一些相关的应用发展现状。

世界自然基金会（World Wildlife Fund，WWF）在 2009 年 3 月开始的研究计划 for a living planet 中认为，不久的将来在电池技术方面将会有所突破，“根据蓄电池制造商和汽车制造商的说法，为了能够满足市场上对于蓄电池价格和技术方面的要求，还需要 5 年左右的发展时间[93]。”例如，三菱电动系列汽车“i－MiEV”在一个特别的经济驾驶模式（Eco Modus）下可以达到 144km 的行驶距离，但是在一个不恰当的驾驶方式或者使用强力模式（Power Modus）来获得更高的动力性能及使用空调等其他电力消耗设备的时候，这种汽车的有效行驶距离将会急剧下降到 100km 之内。在人们认为机动性和灵活性是机动车辆重要因素的时候，这个有效行驶距离的值还远远不够。

由此需要经常对电动汽车进行充电。几乎所有的试验性项目也采取了这种方式，即提供类似于目前加油站的解决方案，尽可能在很多地方，如住房、公共停车场、高速公路等地方提供充电的接口。目前在家里充电大约需要 6h[94]，在一些特别的基础设施中可以实现快速充电，也就是使汽车蓄电池充电时间降低到 1h 之内，但是这种充电方式对蓄电池的寿命具有非常负面的影响。有人认为，由于在通常情况下汽车大部分时间段都处于停止状态，所以就可以充分利用这些时间来进行充电。

瑞士电动汽车俱乐部正在实施“停车充电计划”。这个计划中提供了专门针对电动汽车的停车位，在这些停车位里提供了充电接口以便电动汽车进行充电。为了能够使用这些停车位，人们需要一份说明书和一把钥匙。在欧洲范围内，人们可以发现 300 多个具有充电停车位的地方，并且可以通过包月的方式进行费用结算，当然在这些应用中还缺少 M2M 的应用，而通过 M2M 技术可以使这些充电过程变得非常简单。这样一些专有系统可以当做一个反面教材来评价。

365 能源集团（365 Energy Group）目前在欧洲范围内安装了他们的充电点，人们已经可以在荷兰、比利时、捷克、德国和挪威应用这些设施。365 能源集团的充电站不仅仅是一个简单的充电站：充电用的插头与一个网络联系在一起，实现了该充电站的远程监控，人们可以通过谷歌（Google）地图来查找他们附近的可用充电站，并且可以了解到该充电站是否还有空闲充电位。与充电站连接的网络使得驾驶人员能够自动地登录这个充电站，并且使结算过程更加安全。

戴姆乐汽车公司（Daimler）和莱恩集团（RWE）在柏林的一个项目计划给人们带来了更多希望。他们的项目 e-mobility 中首次在世界范围内提出了将私人的和公共的充电站集成到一个大应用解决方案中的一个转换，为此他们建设了 500 个这样的公共充电点，同时戴姆乐汽车公司将在 2010 年中期提供 100 辆相应系列的汽车[95]。其他汽车制造商也随之行动起来，如奥迪推出了 e-tron，该款汽车如图 7－3所示，从此图中可明显看出这款汽车没有排气装置。

图7－3 2009 年法兰克福国际汽车展览会上的奥迪 e-tron

政府部门也需要参与进来，这样可以形成一个有效合作机制，使不同领域内应用积极的标准。另外，充电的插座和接头也需要标准化。特别对于 M2M 来讲，充电过程相关的服务需要更安全的通信协议。通过 M2M 解决方案的应用，可以使充电过程变得非常简单：电动汽车驶入充电站，把充电电缆接入到电动汽车，通过数据电缆这辆汽车可以自动登录到充电站中，充电过程和充电中电力消耗的测量可以自动进行，需要结算的电力消耗量被直接传输到充电站控制中心。通过卫星导航系统，电动汽车可以查找到目标附近的充电站，并且可以自动在充电站进行预约（如果汽车有足够的电驶到这个目的地的话）。

尼桑已经开发出了一种非接触式汽车充电方式，如目前一些电动牙刷的充电方式一样，通过感应设备，电动汽车可以在装有相应设备的停车位上进行充电。但是这种技术会带来电力传输过程中的损耗，这样就引出效率的问题，另外，要求汽车底盘和充电设备之间的距离必须非常小。同样可以通过这种方式对感应设备进行扩展，例如，在行车道下面安装特定感应设备可以实现汽车在行驶过程中自动进行充电。这种情况下，由于在基础设施和电动汽车之间不可能存在任何物理接触，所以无线的 M2M 技术可以用来保证电动汽车的身份识别和充电结算。但是这项技术的发展目前一直处于初始阶段，所以还不清楚这些解决方案是否能够成功。尽管如此，尼桑还是在 2010 年推出了第一辆能够利用感应设备充电的电动汽车。

此外，前面已经提到的 Better Place 公司正在推销他们的蓄电池更换解决方案：顾客购买不带蓄电池的电动汽车，可以在 Better Place 公司通过租赁的方式使用蓄电池。这种情况下每个蓄电池所能行驶的有效距离大概为 160km，并且可以通过正常方式在汽车充电站进行充电。但是这种充电方式只有在短程旅行的时候有意义，在人们进行长途旅行的时候，Better Place 公司提供了针对蓄电池的自动更换站，只需要大约 80s 的时间就可以更换一个已经充满电的蓄电池，这个速度比正常的充电速度要快得多。此时，顾客只需要按照他们实际消耗的电量来进行结算，通过 M2M 可以把用户消耗的电量记录在一个软件中并且自动地和充电站进行结算。

Better Place 公司已经在以色列、丹麦和日本找到了合作伙伴来建设相应的基础设施，美国夏威夷和澳大利亚也开始了类似的项目。在电动汽车的开发方面，Better Place 公司和合资企业 AESC（汽车能源供应公司）的 A123 系统一起进行着汽车蓄电池的开发，除此之外，它还和雷诺—尼桑进行这方面的合作。但是有些人认为，由于电池系统的复杂性和不同汽车方案的不同需求，这个应用领域的发展潜力非常小，为此需要人们应用很多标准，如蓄电池的尺寸标准。

对于蓄电池来讲，一个更为复杂和具有意义的应用是把电动汽车集成到智能电网中（图 7－4）。这时能源不仅仅从网络向车辆流动，而且电力也可以反向地从汽车往智能电网中输送，此时汽车的蓄电池将成为电力资源缓冲，从而能够帮助平衡用电高峰时的电网负荷。对于混合型汽车来讲，在它们每天大约 23h 的停放时间中可以通过燃料发动机来发电，这些电可以通过智能电网进行销售。电的流动控制和结算可以通过 M2M 来完成。通过全球移动通信系统在家里的停车房中实现电动汽车和智能电网的连接也是可能的。通过标准化的通信协议可以实现不同系统之间进行相互通信和上述过程的自动化。

但是由此带来在蓄电池不同电力状态下频繁地充电和放电，可能会导致蓄电池的使用寿命下降很多。在每天进行两次充电、放电和行驶约 100km 的情况下，一块蓄电池的使用寿命大约是 5 年，这样就需要经常更换蓄电池。更换蓄电池所需要的昂贵费用由蓄电池更换站或者汽车用户来承担，如果由蓄电池更换站来承担的话，那么蓄电池更换供应商会再次将这些费用分担到他们的客户身上。

关于车辆到电网（V2G）的意义和作用还存在着一些争议。除了上面描述的对

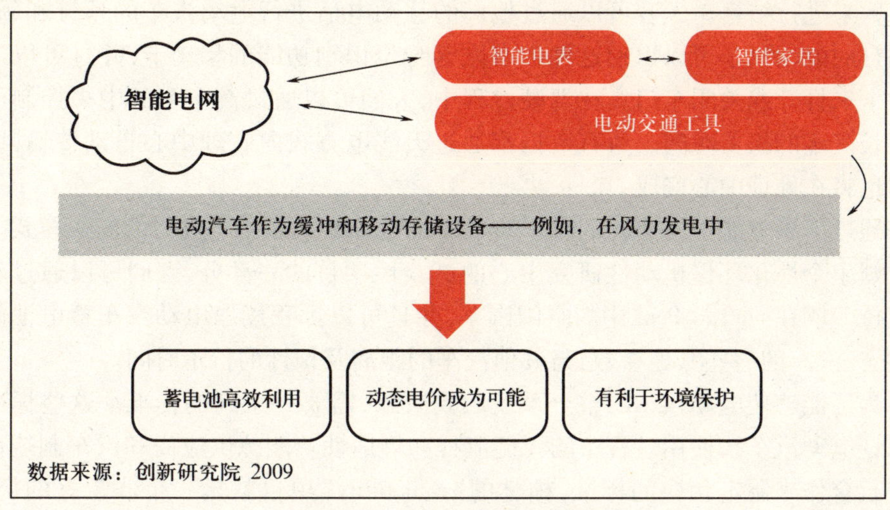

图7-4 智能电网和电动车

于整个供电网络及通过动态供电价格来引起用户动力的好处之外，目前还存在着完全批评的声音：除了蓄电池本身问题之外，很多专家认为，在近期内电动汽车的数量对于智能电网并不能起到有效作用。同时，对于电动汽车是否适合作为移动能源存储设施或缓冲设备这个问题，还没有进行充分的实践研究。只有当电动汽车的有效行驶距离能够得到显著提高并且由此所需要的电力需求能够通过新兴能源来满足的时候，电动汽车才能够真正地对环境保护起到帮助。人们还存有另一种疑虑，波动性非常大的风力发电或太阳能发电的能源生产方式对此是否适用。

在美国，AC Propulsion 公司很早就开始在车辆到电网应用方面进行了努力，将电动汽车通过无线电连接即通过 M2M 技术和能源供应商连接在一起，以便能够把电动汽车作为辅助的能源来源集成到能源供应网络中。可以设想，在没有风的时候如果把成千上万的车辆集成到一起作为一个巨大的虚拟发电厂，就可以来满足风力发电的巨大供应缺口。根据计算，仅加利福尼亚州 3600 万辆汽车中的 1% 能够同时形成上述虚拟发电厂的话，就可以满足整个美国的日常用电需求。但是目前这种转化在实际中还无法实现，首先在市场、经济和客服传统习惯的障碍方面还需要进行很大的努力。

同样无法确定的是，车辆到电网的市场是否足够大到可以对 M2M 应用产生显著影响以及可以给 M2M 硬件、软件和服务提供足够的市场潜力。

目前电动汽车市场的发展还不是很快，因为对于大部分人群来讲，购买这种车辆还不能够满足他们的需求。比电动汽车更便宜的是电动自行车，目前在中国已经有大约 4000 万辆电动自行车[96]。瑞士已经有以“mobility”为名的汽车共享服务，这种服务使得人们可以通过租赁的方式使用电动汽车。2250 辆电动汽车分布在 1000 多个租赁点供人们租用，这种电动汽车的租赁费用可以按小时或者按行驶千米数来进行结算。顾客可以通过他们的移动电话进行电动汽车的预订和领取，被预订的电动汽车可以识别这种带有顾客身份识别功能的移动卡，并且可以通过这种卡来打开或关闭车门。在驾驶过程中，人们可以通过汽车上的中央控制面板来延长汽车的租赁时间。所有数据都通过无线电方式向管理中心自动传输，结算过程也将在处理中心完成。

通过苹果智能手机实现的汽车共享方式 car2go 也采用了类似的商业模式。作为戴姆乐个性化环保机动性研究中心的试验性项目的一部分，人们可以通过软件来定位一辆在 car2go Pool 中的空闲汽车，并且可以远程读取电动汽车蓄电池的电荷状态、汽车的一些其他参数、与其他汽车的距离及预计的行走时间。

为了能够使电动汽车的整个系统起到效果，需要一系列的标准。这些标准可以保证电动汽车在使用过程中的无缝流程和舒适性。能源供应商和汽车制造商需要进行合作来制定相应的标准，柏林的"e-mobility"项目就是一个非常好的例子。但是目前在这个方面的努力还是太少，德国汽车工业联合会（VDA）也同样认为："电动汽车相关部件的标准化对于电动汽车的成功应用具有至关重要的作用。对于电动汽车和电力网络之间的连接（以实现电动汽车的充电）来讲，建立跨行业的标准更为重要。为此应该争取实现欧洲乃至世界范围内的统一标准[97]。"同样，政府相关部门也需要参与到标准化工作中来。全球范围内在推动电动汽车的发展方面已经投入了大量资金，单单德国在第二次经济刺激计划中就免除了 5 亿欧元的税收[98]。目前世界各地的努力在朝着不同的方向发展，已经突破了国家的界线。虽然 M2M 的应用在实际中能够使这种方案更加简单化并且能够带来更高的舒适性，但是这些努力基本上都疏忽了 M2M 解决方案。这种现象不仅有损于电动汽车的发展，而且也影响到 M2M 市场的发展。迄今为止，即使在充电结算标准化方面也还没有达成共识。

Conenergy 公司进行的一项城市问卷调查的结果令人振奋[99]：24% 的城市赞成公共停车场的改造，在城市规划和新的公共交通方案中考虑了电动汽车充电基础设施并采取积极的措施，有 15% 的城镇已经开始考虑和所有大型能源供应商、汽车制造商及高校开展这方面的合作。

相对于电动汽车来讲，M2M 远程控制的市场非常小，并且对于社会的重要性也不是很高。通过机器之间通信所实现的增值服务还没有引起人们的注意。每一辆现代化汽车都集成了信息技术应用，使得汽车内各部件能够有效地进行控制，如车窗、空调设备和汽车防盗锁。因此不需要特别的标准或者临界质量点，只需简单地应用 M2M 技术就可以实现远程读取汽车的相关数据，如油箱内燃油的状态、轮胎压力或蓄电池的状态。当人们在移动设备中集成了这些功能并且能够通过同一个平台给智能家居提供相应功能的时候，网络效应就很可能达到。目前实现这两个领域之间的接口所需要的跨行业合作和努力还并不存在。

能够远程打开或锁上车门的遥控器已经非常普及。通过无线射频识别还可以实现很多其他功能,例如,汽车可以通过无线射频识别来识别驾驶人员的身份,并且可以自动进行一些个性化操作,例如,反光镜、座位、车厢温度等都可以通过事先设定好的设置自动进行调整。当然,这种应用必须能够很容易地集成到汽车控制系统中。这种技术已经存在,并且顾客对此也有所了解。近期,柏林大学已经实现了通过苹果智能手机来控制汽车油门、刹车和方向盘,所有这些都可以在几米内通过触摸屏上的简单操作来控制。通常人们在非常紧凑的停车位中停车的时候需要非常小心地观察周围情况,甚至在停车过程中需要下车观察。使用这种设备之后,人们就可以在车外通过手机进行停车入位的操作,当然,这需要之前有非常多的操作练习才能够完成(或许需要一个远程驾驶执照)。

预测和前景

究竟什么时候电动汽车才能够普及?虽然媒体对这个问题保持了极大的兴趣,但是到目前为止,在道路上行驶的电动汽车还是非常少。由微软、英特尔和德国莱茵地区技术监督联合会组成的一个联合组织计划在未来基于 M2M 技术对相应的基础设施进行改造和对信息技术网络结构进行开发。Better Place 公司解决方案包含了各种各样的系统接口,以便能够把任意一种电动汽车与他们的基础设施连接起来。该解决方案的主要任务是电动汽车充电及相应的信息交换,以实现汽车充电过程的优化和电网的有效利用。

挪威电动汽车制造商 Think 和特斯拉汽车公司(Tesla)已经从 2008 年开始在市场上推出了电动汽车。德国联邦政府计划到 2020 年将拥有 100 万辆电动汽车[100],根据理论计算,在这段时间内总共应该有 240 万辆电动车,其中包含电动踏板车或者类似的其他电动车[101]。目前许多制造商通过在慕尼黑、巴黎、柏林和伦敦等大城市中进行的试验项目中来获得经验,以便 2010 年或 2011 年在市场上首次推出比较完美的电动汽车系列。

Conenergy AG 咨询公司认为电动车对于能源供应商的潜力为:“63% 的被访问能源供应企业认为电动车的重要性在未来 10 年～15 年将达到高或者非常高[102]。”据预测,2020 年道路上将会出现 160 万辆电动汽车,2025 年将会增长到 700 万辆。但是这种发展严重依赖于电动汽车的一些特性,如蓄电池和车辆本身的可靠性。2012 年电动汽车将有可能达到规模化市场,这也会明显加快 M2M 技术的市场发展。

电动汽车的市场份额将会逐渐增加,然而不同的市场研究表明,即使到 2020 年,电动汽车在整个市场中占有的份额还是相对较小。电动汽车的发展预测如图 7－5 所示。

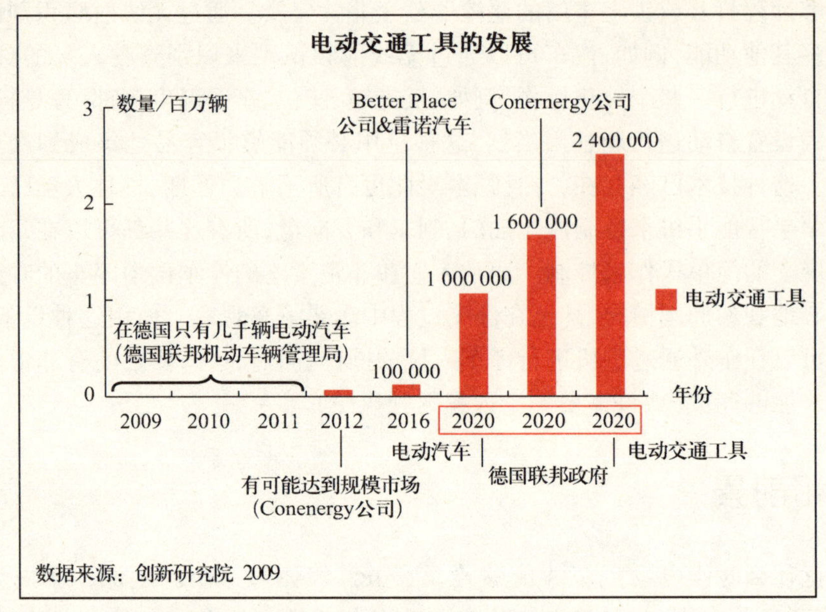

图7-5 电动车发展预测

对于电动汽车价格方面，eMobilität 联邦协会认为："电动汽车相对于传统汽车来讲，在开始具有更高的价格。所以梅塞德斯(Mercedes)汽车公司瞄准了 E-Smart 汽车，他们计划在 2012 年引入这款车，其售价为 2.5 万欧元左右。在摩托车方面，如美国的 Zero，其市场售价仅比传统驱动方式的摩托车高出 15% 左右。通过蓄电池租赁和其他一些措施，例如，在购买电动汽车的时候给予国家购买补助等，可以显著降低电动汽车的价格[103]。"

M2M 解决方案在电动汽车领域内的发展不能仅仅依靠自身力量的推动，它还依赖于电动车的传播、电动汽车的普及程度、基础设施及相应服务。

不仅是电动汽车，而且充电设施都需要达到临界质量点，这样整个市场才会有机会。为此首先要重点关注的是蓄电池，它必须能够符合未来对于机动性的要求。驾驶的美好感觉不应该受到汽车能力局限性的影响。电动汽车必须能够进行长距离驾驶，而不是每过 150km 就需要停下来进行长时间的充电或者更换蓄电池。相应地，基础设施也必须进行改造，家里的停车库、公共停车场、超市、办公室前以及其他很多地方都应该能够允许汽车在停放过程中可以进行充电。这样，电动汽车在日常生活中的使用会变得更加实际，同时也可以提高对潜在顾客的吸引力。

对此，政府机关和能源供应商之间的合作将显得非常重要。但是到目前为止，德国还没有与电动汽车充电站的安装相关的道路交通规定。值得期待的是，未来可能每个路灯（目前很多地方都在把路灯改装为发光二极管（Light Emitting Diode，

LED))和每个停车场都能提供充电设施，甚至可能使汽车在行驶过程中能通过道路下面安装的感应设备来为蓄电池充电。

未来无论是通过充电方式还是通过更换蓄电池方式给电动汽车“加油”，无论是通过三相标准插头还是通过感应电圈来进行充电，只要是提供商使用专有系统与顾客进行连接，前面所述的建议就都很难起到效果。最糟糕的是，当同时存在不同专有系统的时候，人们在决定购买电动汽车时就需要作出选择，在未来的几年内采用何种方式进行充电，也不知道自己的充电系统在未来是否还能够存在。这种情况下，更换成本将变得异常高。对此人们期望在未来能够建立起一个行业标准，通过这个行业标准能够实现各专有系统之间的兼容性，这样，电动汽车的市场将能够得到更好的发展。这同样对于 M2M 技术应用的发展也具有好处，因为充电过程(在这里也可以理解为蓄电池的更换)越多，那么可能通过 M2M 来完成的结算过程和其他辅助服务也会越多。在这里，标准也具有积极的意义。通过移动终端设备和移动支付结算的发展，人们可以在结算系统中集成这些结算方式并将会习惯于通过移动电话来进行结算。由此可能会带来跨行业的网络效应，如跨商业或者金融服务业。另外，所有的交易过程将变得标准化和简单化，这将带来更好的舒适性，从而可以获得更高的客户满意度。与之同样重要的是，在汽车身份识别中也使用相应的标准。莱恩集团和戴姆乐汽车公司在他们的“e-mobility”项目中通过数据线来进行车辆和持有人的身份识别及结算，该数据线集成在电动汽车充电电缆里面。这种方式非常有意义，但是如果要推广这种技术的话，则需要一个标准化过程，并且标准化最好能超越国家的界线。汽车必须包含一个唯一的身份识别编码，就像网卡中的介质访问控制(Media Access Control,MAC)地址一样，这个编码应该也能被所有的 M2M 技术识别和处理。

关于汽车共享服务的接入方式，目前有很多“孤岛式”解决方案，所以在这方面也需要标准化。在这些方案中，一些是通过发放特别的用户卡来进行顾客身份识别，还有一些是在智能手机上使用开放性的共享软件来实现。通过后一种方式，在具有移动终端设备的人群中使用汽车共享服务的将会越来越多，因为客户可以在短时间内在不同的服务供应商中进行选择。如果为了使用汽车共享服务，人们必须首先申请相应的用户卡，然后 3 天之后通过邮寄方式才能得到这张卡，并且这张卡只能够在一个服务商那儿起作用的话，这对于用户来讲就太麻烦且意义不大。在这里 M2M 技术是实现更高舒适性和减少复杂性的关键，它可以提高顾客接受度并且可以使“停车换乘电动汽车”服务的使用情况得到明显提高。这样的发展也同样符合在未来城市中心只允许特定的零排放汽车进入的设想。

为了保护环境，瑞士很多城市和地区只允许零排放车辆进入，这也将是世界范围内的一个发展趋势。Progetto San Gottardo、KWO 和 Energieregion Goms 共同实施的试验性项目“阿尔卑斯山电动车(Elektromobilität in den Alpen)”计划到 2014 年在圣哥达地区建立一个电动汽车租赁系统。从 2010 年夏季起,在穿越格林姆塞尔关口将使用电动汽车。一般来讲,未来应该在游乐区大力推广这些应用。

不久前在根据 CO_2 排放量来调整机动车税方面的发展很有意义,目前德国联邦政府也在考虑这一问题。荷兰提出了一项通过 M2M 技术来实现对机动车辆类型及其行驶里程数监控的方案,在此之后,其他很多国家也在考虑是否实施这样的方案。通过这种方式可以提高电动汽车领域内大规模投资的动力,因为此时的投资可以在未来的免税额中收回。M2M 技术对这些法律规定的实际应用将具有决定性支撑作用。但是由于实施这样一个系统所需费用非常巨大,所以人们对此还是持有怀疑态度。

智能电网的发展也和环境保护及智能电表的发展存在紧密关系。电动汽车是否与智能电网联系起来以及联系起来后又能在智能电网中发挥多大作用,目前还不是很清楚。弗劳恩霍夫系统和创新研究院(Fraunhofer Institut für System-und Innovationsforschung,Fraunhofer ISI)的教授马丁·维塞尔(Martin Wietschel)博士认为,电动汽车与智能电网的结合将分阶段进行,目前来讲这种连接的可能性还比较小,只有 2020 年后当电动汽车的数量达到 100 万辆~200 万辆从而需要对这方面的市场需求实施有针对性的税收政策之后,一些市场参与者才会积极地参与到能量储备和普通能源市场,相应的商业模式也才能被建立起来。“电动汽车对于风力发电盈余的储存可以起到帮助,但是不应该对这种发展潜力给予过高的估计”[104],维塞尔强调。由于这方面的技术都过于复杂,所以他对此的意见是,到 2020 年超过 20% 的市场增长率的预测并不能保证。蓄电池更换方案对解决高额资金需求问题及提高蓄电池可用性具有帮助作用,但是这种方案需要在汽车制造商层面建立统一的蓄电池标准。

对于用户来讲,动态价格将是使他们把电动汽车参与到能源市场的主要动力。特别对于风力发电的产能波动来讲,电动汽车的蓄电池将可能是一种解决方案。智能电表的发展及人们对这方面的了解和熟悉将能吸引电动汽车集成到智能电网中。在这儿同样也显示了网络效应的重要性,这对使用双方都有意义。M2M 技术将在电动汽车和智能电网集成系统的实用性中作出决定性的贡献。

可以用于安全方面的还有远程控制(图 7-6)。目前很多汽车制造商已经发现在这些远程控制中能够集成相关的应用,这些应用与汽车单个部件的控制或个性化环境有关。汽车可以识别驾驶人员的身份并且载入相应的档案资料,这些档案资料可以在家里的计算机上完成,然后通过 M2M 技术传输到汽车上。反过来也可以从远程读取汽车的相关信息,即通过与电动汽车的远程连接,人们开车前在家里就能够获得电池状态的相关信息。这样在德国技术监督联合会(Technischer Überwachungsverein,TÜV)对汽车进行检测时很多汽车参数都可以通过移动网络在远程直接读取。

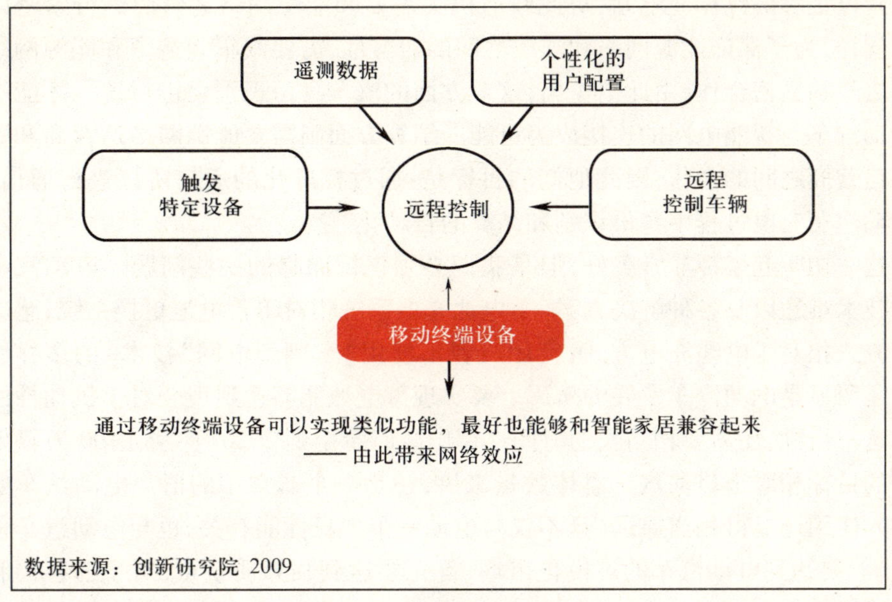

图7-6　远程控制

通过建立标准来实现在移动终端设备中对个人身份识别的统一是值得期待的，这对于跨行业的功能实现能够起到促进作用。当房屋门禁系统和电动汽车的个人身份识别能够以同样方式通过同样设备实现的话，那么从网络效应的角度来讲是非常有利的。

在这里人们可以再次发现移动终端设备的应用领域是多么广泛。消费支付、能源管理、远程控制以及在一些特殊服务中的应用，所有这些都可以集成到一个设备中。通过移动电话可以在汽车驶入或驶出车位的时候在车外通过实时图像录像对车周围的状况进行全方位观察，以便进行操作。假设在一个恶劣的天气里，通过这种方式会很容易把汽车自动驾驶到大门口。M2M 使得这一切都将成为可能，但是在这些应用中，数据保护将是使顾客能够接受这些应用的关键和前提。

新的 M2M 商业模式

M2M 技术在很多应用领域中把不同行业形成了一个网络。和许多其他应用领域一样，M2M 技术在电动汽车领域中的应用存在着相同的前提：为了保证不同系统之间的兼容性，必须使用适合的标准。这将带来更好的实用性以及更大的客户价值。

通常，这个行业中的标准将通过汽车制造商、能源供应商、政府机关和数据网络运营商的共同努力与合作来实现。政府机关必须针对基础设施制定相关规定，以便建设足够的汽车充电站，对此政府机关需要和能源网络运营商进行紧密的合作。同样，为了保证能源网络和汽车之间的兼容性，需要汽车制造商和能源网络运营商之间的紧密合作，由此衍生出，这双方面的汽车身份识别要进行统一才能够使得电动汽车与智能电网的连接成为可能。结算方面则需要能源网络运营商和数据网络运营商之间的合作，因此他们的目标是：通过标准化的通信协议进行通信，实现电动汽车充电过程中身份识别和结算的自动化。

这一切听起来都非常美好，但是我们必须正视面临的一些问题。电动汽车有关的技术难题以及各种解决方案（蓄电池充电系统相对于蓄电池更换系统；感应圈充电方式相对于电缆充电方式；使用或者不使用"车辆到电网"技术）的多样性在目前还明显是电动汽车发展的障碍。要实现蓄电池能够达到现今对于机动性的高要求这一目标，还需要相当长的时间。德国政府希望到 2020 年达到 100 万辆电动汽车的目标相对于目前汽车总体数量来讲，还是一个非常小的值。电动汽车要真正投入使用还显得相当遥远（这不仅与电动汽车本身性能有关，也与电动汽车价格有关）。要达到电动汽车的规模化市场，首先要达到临界质量点，对于远程控制来讲也同样如此。迄今为止，远程控制方面所实现的功能还比较少，并且都与单个汽车制造商的专有系统集成在一起。

为了促进电动汽车的发展，需要对目前的商业模式进行革新。因为 M2M 技术将会带来全新的应用，所以当人们不再把 M2M 技术作为边缘而是作为中心来考虑的时候，将可以实现这种变革——目前所有的配菜和配料都已经准备好，就等着下锅了。

想象一下下面的场景：某天早晨，因为商务事宜您必须立刻从法兰克福出发到杜塞尔多夫，而此时正处于交通拥堵时段。您对行驶路线并不很熟悉，城市内部通往高速公路方向的交通拥堵程度相对要轻些。您已经在网络上读到了关于新服务"E-Mob"的最新消息，并且在您的智能手机上安装了这个应用。在手机上相应的网页中输入起点和终点，智能手机将会自动生成行驶路线并且帮助您组织整个行程。一开始您将得到住所附近可以使用的电子踏板车的清单，电动踏板车在城市交通高峰时期是最合适的交通工具。这个清单里列出了一些与您距离较近的电动踏板车的信息。地图上显示，最近的一辆空闲电动踏板车距离您的住所只有 50m，但是这辆电动踏板车的详细信息显示其电池只剩下 10% 的电能，这太少了。另外一辆比较近的电动踏板车距离您有两条街道之远，但是其电瓶基本是满的，这完全符合您的要求，预订！您现在出发，"请在 75m 之后右转"。下一步，您将通过智能手机和一家电动汽车共享服务提供商进行联系，以便获得一辆电动汽车开往法兰克福。您选择了一辆轿车，其电瓶能量还有 80%，轮胎的压力也正常。智能手机的信息显示，在使用这辆轿车的过程中将不需要中途停下充电，于是您预订了这辆轿车，并同时远程打开了这辆电动汽车的空调设备，把温度设定为 20℃。这时您已经走到了电动踏板车的停放处，所以您暂停了在杜塞尔多夫城市交通中所需要的第三辆交通工具的选择。您用智能手机通过近距离无线通信和这辆电动踏板车进行通信，以便电动踏板车识别您的身份。然后您跨上电动踏板车，在车流中飞速前进。通过导航系统的指引，10min 之后您到达了电动汽车共享服务商这里。在您用智能手机把电动踏板车的发动机关闭之后，这辆电动踏板车将自动注销和您的连接并处于空闲状态，以便其他人使用。在智能手机的触摸屏上按一个按钮之后，您之前预订的电动汽车就将打开双闪灯，以便您在停车场众多的汽车中间找到它。电动汽车对您的身份识别方式与之前的电动踏板车一样。相对于夏日上午的炎热，此时电动汽车内的温度非常舒适。您驾驶该汽车开始向杜塞尔多夫出发。在开出大约 100km 的时候，智能手机会自动提醒您还需要在杜塞尔多夫预订一辆中转交通工具。通过语音指令，您可以在有轨电车、自行车或电动汽车之间进行选择。您决定使用一辆微型城市汽车 Cabrio，因为那时杜塞尔多夫已经不再是交通高峰时间，您希望在约会之前短暂地享受一下阳光。在到达杜塞尔多夫之后，智能手机将自动引导您到下一辆之前预订的交通工具跟前。达到目的地之后，您在 E-Mob网页上进行确认：您已经安全到达目的地。然后您将立刻收到一份关于用电消耗和汽车租赁费用的账单，通过在触摸屏上轻轻一按，您就可以进行支付了。

以 M2M 技术为中心，以智能手机为平台，通过电动汽车共享组织全过程的电动旅行方式，可以实现从起点直至终点跨越不同交通工具且自动无缝的导航及辅助附加服务（图 7－7）。实现这些目标的前提条件已经存在，但是为了实现不同行业中应用的兼容性必须考虑相应标准。

汽车共享的优势显而易见：一方面不用考虑目前电动汽车还非常高的购置成本（但是会降低昂贵蓄电池的使用寿命），另一方面也能提高道路交通的效率，因为不同的交通工具只有在其需要的时候才被使用。如果每人都拥有一辆自己的汽车，那么人们都会尽可能使用这辆汽车而很少使用公共交通工具。通过多种类型交通工具的共享，交通工具将可以以最经济的方式被使用，这就优化了能源消耗、驾驶时间和舒适性，并最终非常有利于环境保护。

通过这种方式，一方面可以促进电动汽车的发展，另一方面也可以获得与电动汽车技术参数或用户行为有关的重要经验。由于人们已经了解并开始应用如 Call a Bike 或 Touch&Travel 的解决方案，所以用户将可以很快地参与到这个系统的试用当中。当这个系统进一步扩大之后，顾客可以通过这种方式进一步和电动汽车进行接触。在正面的使用感受及逐渐习惯的推动力作用之下，若干年后人们购买电动汽车的激情和速度将会加快。

另外，远程控制也将在市场中获得更加有效的应用及发挥重要作用。首先，汽车的一些实时参数变得可见，其次，可以通过远程方式来控制汽车的一些部件，所有这些都将通过 M2M 技术来实现。

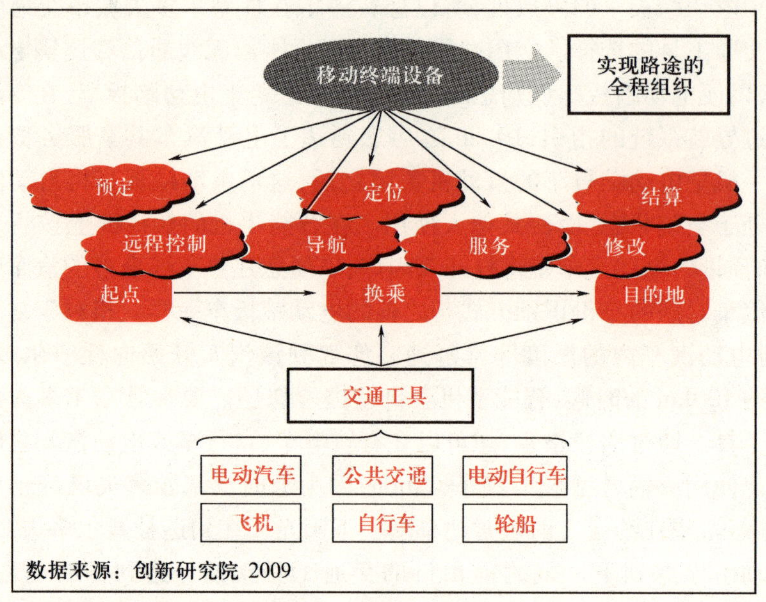

图 7－7 M2M 作为推动力

这些应用需要相应的基础设施。移动终端设备必须能够支持相应的通信技术，并且在导航系统中不仅要集成车辆的数据，也要集成汽车充电站点的信息，定位、识别和结算等都需要通过移动电话网络、全球卫星定位系统或者其他媒介来完成，汽车制造商也需要在市场上推出一系列能够被汽车共享运营商管理的电动汽车。

基于移动终端设备和汽车共享，M2M 技术应用已经得到了快速发展。当 M2M 技术在电动车领域中应用的基础——电动汽车还处于发展的初始阶段的时候，希望通过这种商业模式能够给电动汽车提供更好的发展前景。M2M 将是电动汽车发展的一个强大推动力。

第 8 章
结论

世界范围内，机器数量的增长速度要远远大于世界人口的增长速度，500 亿台的机器与 60 亿的人口已经明显说明了这一点。2020 年机器的数量甚至会增加到世界人口数量的 30 倍。人们希望采用一定的合作机制和方法，使这些机器能够以可能的方式和方法互相进行通信，由此便出现了物联网应用，这只有通过 M2M 技术的应用才能够实现。

M2M 的市场潜力是毫无疑问的，虽然目前这巨大的市场潜力被开发得很少。在这个市场的发展过程中需要合作：通过 M2M 技术的应用，一些以前没有或者很少联系的行业需要相互联系起来。新的接口将会出现，在这些接口中，M2M 技术将毫无疑问是网络化的媒介。因此，为了这个市场的有效发展，必须通过合适的标准来保证兼容性。此外，近几年已经存在着很多各种各样的孤岛效应，即使这些孤岛解决方案不存在兼容性问题，但是由于缺少网络效应，它们的功能和作用还是受到极大限制。未来不仅可以使用移动电话开关家里的大门，应该也可以通过移动电话以同样的方式和方法对汽车门锁进行管理。人们在超市结账处同样可以通过移动电话进行结算，像在火车上或者在电动汽车充电站的时候一样。在一些早期试用者身上可以看出，单打独斗在市场上基本没有成功的机会，很多试验性项目已经由于缺少兼容性而失败。当然，在一些领域里面还是得到积极的发展，如亚洲的移动支付应用方面。这也显示出人们对于可行的应用还是会以相应的热情来接受。

每个单独应用领域中的市场参与者（企业、政府机关、潜在顾客、研究机构）以及不同行业甚至国家之间应该尽早展开合作，这对于 M2M 的发展将具有非常重要的意义。在此需要注意的是，因为在每个 M2M 应用领域中都需要不同的战略联盟方式，所以所有这些应用领域中并不存在通用的标准化机制样板。

在交通管理领域，首先需要不同的国家政府机关之间（如欧盟组织内部）进行相互合作，在达成一定协议后，才能够在这个领域内实施适用的标准。

相反，在电动汽车的充电支付标准化方面则需要移动网络市场来进行主导，比较有代表性的是移动终端设备的制造商，他们是该应用领域发展的基础。

在商业、运输和物流领域，标准化的实现将主要通过大型商业集团来推动，因为这些大的商业集团是 M2M 在这些应用领域中的最终用户，麦德龙集团的未来商店计划就说明了这一点。

大型能源集团将在三大智能领域（智能电网、智能电表和智能家居）的系统兼容性方面起到特别的推动作用，市场上的其他参与者将会以相应的结果为导向。

移动支付和金融服务领域内的标准化过程将通过跨行业合作来实现。在这里，为了能够保证系统之间的兼容性，移动终端设备制造商、金融机构和商业必须进行合作。

一旦这些合作成为可能，且不同系统之间的兼容性能够实现的话，那么 M2M 市场的快速增长将不再遥远。智能机器将会使我们未来的日常生活发生彻底变革，企业、社会、国家以及个人都将从中获益。

Anmerkungen
注释

[1] M2M Alliance e. V. : Machine-to-Machine (M2M) - Whitepaper. Aachen, 28.02.2007.

[2] Smith, B. : "M2M Industry Wrestles with Metrics". in: *Wireless Week* vom 01.11.2005: 14 - 15.

[3] Glanz, A. Konvergenz-Studie 2009. Frankfurt am Main 2009.

[4] 出处同上

[5] Harbor Research. Report Overview—Pervasive Internet & Smart Services Market Forecast 2009 - 2013, 2009.

[6] M2M Premier: "The M2M Invasion". 2005.10.17.
http ://www.m2mpremier.com/LatestFeatureArticles.aspx? id = FA0008013103212803O

[7] "Cellular Machine-to-Machine Communication Module Shipments to Increase Fourfold by 2013". 2008.05.16.
http://www.cellular-news.com/story/3 1225.php.

[8] Mendoza, J. : "Gemalto's Role in M2M". 2009.10.
http://www.m2mzone.com/PDF/M2MSeminarCTIAFall2009.pdf

[9] Berg Insight: M2M Research Series-Europe. Executive Summary. 2009.11.

[10] David, P. A. : "Clio and the Economics of QWERTY", in: American Economic Review Papers and P. roceedings. Vol. 75, 1985: 332 - 337.

[11] Meade, M. /Islam, T. : "The Effects of Network Externalities on the Diffusion of Cellular Telephones", in: Teletronic, 2008, 3(4): 74 - 81.

[12] Schoder, D. : "Forecasting the Success of Telekommunications Services in the Presence of Network Externalities". in: Information Econorriics and Policy, 2000, 12: 181 - 200.

[13] Arthur, B. W. : "Competing Technologies, Increasing Returns, and Lock-In by Historical Events". In: Economic Journal, 1989, 99(a): 116 - 131.

[14] Farell, J. /Saloner, G. : "Standardization, Compatibility, and Innovation". In: Rand Journal of Economics, 1985,16(1): 70 - 83.

[15] Katz, M. L. /Shapiro, C. : "Network Externalities, Competition, and Compatibility", in: The American Economic Review, 1985,75(3): 424 - 440.

[16] Katz, M. L. /Shapiro, C. : "Technology Adoption in the presence of Network Externalities" in: Journal of Political Economy, 1986,94(4): 822 - 841.

[17] Mathutes, C. / Regibeau, Pierre: "Mix and math < : Product compatibility without network externalities" in: Rand Journal of Economics, 1988,19(2): 221 - 234.

[18] Glanz, A.: Ökonomie von Standards. Europäische Hochschulschriften: Reihe 5, Volks-und Betriebswirtschaft; Bd. 1993,1366: 77 – 100.

[19] Ruhkamp, C.: "Kampf gegen den Steckersalat-Standards für Elektroautos". 2009. 09. 17. http://www. faz. net/s/Rub4767B – 34DFB6947F189F7626F59E06203/Doc – E294F2C6EAE4D4911829 AA9FAB7BC8FF2 – ATpl – Ecommon-Scontent. html

[20] 出处同上。

[21] 出处同上。

[22] Peter Blenkers 于 2008 年 3 月 9 日 在德国 ARD 电视台的节目"Ratgeber Bauen + Wohnen"。

[23] 出处同上。

[24] Teyssen, D. J.: Smart Metering-Meitenstein beim Urnbau der Energiewirtschaft. Bonn: 2009. 03. 12.

[25] Parks Associates: "Parks Associates forecasts 6 million homes with Smart Meters by 2012". 2009. 02. 10.
http://newsroom. parksassociates. com/article_display. cfm? article_id = 5131

[26] Trage, S.: "Siemens AG-Zukunft der Energienetze. Fakten und Prognosen", in: Pictures of the Future, 2009.
http://wl. siemens. com/innovation/de/publikationen/pof_herbst_2009/energie/fakten_prognosen. htm

[27] Berg Insight (2009): Smart Metering and Wireless M2M-Fifth consecutive report.

[28] Parks Associates: "Parks Associates forecasts 6 million homes with Smart Meters by 2012". 2009. 02. 10.
http://newsroom. parksassociates. com/article_display. cfm? article_id = 5131

[29] Peter Blenkers 于 2008 年 3 月 9 日 在德国 ARD 电视台的节目"Ratgeber Bauen + Wohnen"。

[30] Trage, S.: "Siemens AG-Zukunft der Energienetze. Fakten und Prognosen", in: Pictures of the Future. 2009. http://wl. siemens. com/innovation/de/p ublikationen /pof_herbst_2009/energie/fakten_prognosen. htm

[31] LBD Beratungsgesellschaft Berlin (01. 10. 2009): "Smart Metering-Erfolgreich sein durch Prozesseffizienz und Produktinnovation", in: TRENDreport Effzienz, 2009,10. http://www. lbd. de/cms/5. 0-effizienz/smart-metering-erfolgreich-durch-prozesseffizienz-und-produktinnovation-lv1756. htm

[32] Rogai, S.: ENEL's Metering System and Telegestore Project. Washington: 2006. 02. 19. www. narucmeetings. org/Presentations/ENEL. pdf

[33] Bigliani, R.: *The good, the bad, and the ugly of Smart Metering in Europe.* 2009. 06.

[34] Schultz, H. Z./Hübner, C./Zinke, J.: "Smart Metering-Innovation in Technologie und Abrechnung!?", 2009. 06. http://www. e-journal-of-pbr. info/wiki/index. php/Smart_ Metering.

[35] www. metering. com

[36] Teyssen, D. J.: Smart Metering-Meilenstein beim Umbau der Energiewirtschaft. Bonn: 2009.

03.12.

[37] LBD Beratungsgesellschaft Berlin："Smart Metering-Erfolgreich sein durch Prozesseffizienz und Produktinnovation", in：*TRENDreport Effzienz*, 2009.10. http://www.lbd.de/cms/5.0_effizienz/smart-metering-erfolgreich-durch-prozessemzienz-und-produktinnovation-lvl756 . htm

[38] 德国联邦统计局于 2009 年 11 月 3 日发布的第 416 号公告："60 Prozent der Berufstätigen fahren mit dem Auto zur Arbeit".
http://www. destatis. de/jetspeed/portal/cms/Sites/destatis/lnternet/DE/Presse/pm/2009/11/PD09_416_13321,templateId = renderPrint. psml

[39] Rech, Dr. B./Weiß, Dr. C.: Sicbere intelligente Mobilität-Testfeld Deutschland. Cebit in Motion-Die aktuelle Verkebrstelematik-Forschung in Deutschland. Cebit Hannover：04.03.2009. www.vm2010.de/web/fileadmin/feUploads/07_B._Rech.pdf

[40] Wallentowitz, H./Leyers, J.: Tecbnologietrends in der Automobilindustrie und Konsequenzen betroffener Zulieferunternebmen. Wuppertal：2004.04.27.
www.ika.rwth-aachen.de/.../4ly0013-ihk-wuppertal-internet.pdf

[41] Lohmann, B.: "Schlechte Planung stört den Fluss". 2009.05.15.
http://www.stuttgarter-zeitung.de/stz/page/2054661_0_9223 = wie-stau-entsteht-schlechte-planung-stoert-den-fluss.html

[42] Weis, H.: Landesinitiative Telematik-Potentiale der Verkebrstelematilz. Niedersachsen. http://telematik.niedersachsen.de/fileadmin/user_upload/pdf/Studie_Verkehrtelematik.pdf

[43] blogspan.net Vollmuth, J.: "In der EU drohen Zölle auf Handys mit Zusatzfunktionen". 2009.02.19.
http://www.blogspan.net/2706-in-der-eu-drohen-zolle-auf-handys-mit-zusatzfunktionen.html

[44] Berg Insight：Mobile Navigation Services. Executive Summary.

[45] VDA：Agenda Mobilität 2020. 2008,11. www.vda.de/de/downloads/616/

[46] 出处同上。

[47] der fka RWTH Aachen：AIDER-Innovative Fahrzeug-Infrastruktur Telerriatik-Anwendung zur automatischen Unfallerkennung und Insassenrettung. Aachen：2005.02.16.

[48] Reinhardt, D. W.: Mobilität und Ökologie-ICT fiir saubere und effiziente. Mobilität. Brüssel：03.12.2008. http://www.its-munich.de/pdf/Mob-Oeko/ ITS-Mob-Oeko-sob. 5 – web. pdf

[49] 出处同上。

[50] 出处同上。

[51] 出处同上。

[52] Tönnies, T.: "Verkehrstelematik-Wer wird profitieren und was sind die Erfolgsfaktoren?", in：Handetsblatt, 05.06.2002.06.05.

[53] Berg Insight：Mobile Navigation Services. Executive Summary.

[54] 出处同上。

[55] Europäische Kommission：eCall-Leben retten durcb ins Fahrzeug integrierte Kommunikationstechnologien, 2007.07.
http://ec.europa.eu/information_society/activities/intelligentcar/press/docs/press/factsheets/049_ecall_de.pdf

[56] 出处同上。

[57] 出处同上。

[58] Berg Insight："The European Wireless M2M Market". 2001. 05. 01.
http ://www. marketresearch. com/product/display. asp? productid = 1493111

[59] "eCall für mehr Sicherheit im Straßenverkehr", http://www. bmvbs. de/artikel-, 302. 1010217/eCall-fuer-mehr-Sicherheit-im-. htm

[60] Reinhardt, D. W. : Mobilität und Ökologie-ICT für saubere und effiziente Mobilität. Brüssel: 2008. 12. 03.
http://www. its-munich. de/pdf/Mob-Oeko/ITS-Mob-Oeko-sob5-web. pdf

[61] 出处同上。

[62] VDA：Agenda Mobilität 2020. 2008. 11. www. vda. de/de/downloads/616/

[63] Balaban, D. : "Mobile Revenue Trickles In", in: Cards & Payments vom 2008. 11. 17.

[64] 出处同上。

[65] Eckstein, A. : "Mobile Banking auf dem Weg in die Massentauglichkeit". 2009. 10. 06. http://www. ecc-handel. de/mobile_payment. php#71105101

[66] aitegroup. com: "Mobile Banking v. 2. 0: Time for the Perfect Storm?" 2007. 09. 04. http:// www. aitegroup. com/reports/200709041. php

[67] Bills, S. : "Mercatus: Handset Payments to Climb", in: American Banker, 2008. 09. 24. http://www. americanbanker. com/issues/173_193/ – 362484-1. html

[68] Javelin Strategy & Research: Syndicated Report Brochure – 2008 US Mobile Banking Benchmark Study. USA: 2008. 05. http://www. javelinstrategy. com/uploads/809. F_2008 USMobileBankingBenchmarkStudy_Brochure. pdf

[69] Balaban, D. : "Mobile Revenue Trickles In", in: Cards & Payments, 2008. 11. 17.

[70] Chang, R. : "What paying by cellphone will mean for the marketing world", 2009. 10. 05. http://www. allbusiness. com/ marketing-advertising /marketing-techniques /13170333-1. html

[71] Loke, R. : " SMS trumps NFC for payment", in: Telecom Asia, 2009. 05.

[72] "Non – NFC Mobile Commerce Transactions to Total $ 1. 6 Billion in 2009". 2009. 03. 18 http://www. cellular-news. com/story/36472. php

[73] Bills, Steve: "Turning to Stickers to Win Adherents to Mobile Payment", in: American Banker 2009, 174: 1 – 4.

[74] Balaban, D. : "Mobile Revenue Trickles In", in: Cards & Payments, 2008. 11. 17.

[75] "Mobile Payments in U. K. Show Potential", in: American Banker, 2009. 10. 15.

[76] Wilcox, H. : "Press Release: Mobile Phones Equipped with Near Field Communications (NFC) to Generate $ 75bn worth of Payment Transactions Within 5 Years". 2008. 07. 15.
http ://juniperresearch. com/shop/viewpressrelease. php? id = 130&pr = 9 9

[77] Loke, R. : "SMS trumps NFC for payment", in: Telecom Asia, 2009. 05.

[78] Bills, S. : "Mercatus: Handset Payments to Climb", in: American Banlzer, 2008. 09. 24.

[79] "Dank Near Field Commumcation können Handys zum Allround-Talent werden". 2009. 01. 08. http://www. touchandtravel. de/site/touchandtravel/de/idee/voraussetzungen/ voraussetzungen. html

[80] Glanz, A.: Konvergenz-Studie 2009. Frankfurt am Main 2009.

[81] Projekt Zukunft Berlin: Gemeinsame Strategie zur Entwicklung des IT-Standortes Berlin für die Jahre 2007 bis 2009. Berlin 2007.
www. berlin. de/.../praesentation_breitband_konergente_2008. pdf

[82] Harbor Research, Inc.: Report Overview-Pervasive Internet & Smart Services Market Forecast. San Francisco/Zürich 2009.
http://www. harborresearch. com/HarborContent/2009% 0PIMF%20Brochure_2009. pdf

[83] Berg Insight: "The European Wireless M2M Market". 2007.05.01.
http://www. marketresearch. com/product/display. asp? productid = 1493111

[84] Berg Insight. (2008): Executive Summary-Fleet Management and Wireless M2M.

[85] 出处同上。

[86] "Studie: Güterverkehr wird sich bis 2050 verdoppeln". 2007.06.11.
http://www. verkehrsrundschau. de/studie-gueterverkehr-wird-sich-bis-2050-verdoppeln-546363. html

[87] Berg Insight. (2008): Executive Summary-Fleet Management and Wireless M2M.

[88] 出处同上。

[89] Kempton, et al.: Vehicle-to-Grid Power: Battery, Hybrid, and Fuel Ce// Vehicles as Resources for Distributed Electric Power in Caliornia. 2006.06.
http://escholarship. org/uc/item/0qp6s4mb

[90] KfW Bankengruppe: "Nachhaltigkeitsstrategie fur das Automobil. Strategien im Pkw-Sektor für eine nachhaltige Entwicklung in Deutschland". 2008.09
http://www. kfw. de/DE_Home/Research/Publikationsarchiv/Mittelstan45/Umweltschu58/Grundsatzartikel_PKW_Periodikum_Format_internet. Pdf

[91] "Jeder Zweite hat ein Auto". in: Stuttgarter Zeitung , 23.01.2008.

[92] EUROFORUM: "Elektromobilität wird sich durchsetzen-nicht heute, aber morgen. Ergebnisse der 2. EUROFORUM-Konferenz 'Elektromobilität'. Köln 2009.
http://www. euroforum. de/data/presse/1594. pdf

[93] WWF: Auswirkungen von Elektroautos auf den Kraftwerkspark und die CO_2-Emissionen in Deutschland. Frankfurt am Main 2009.
http://www. wwf. de/fileadmin/fm-wwf/pdf_neu/wwf_elektroautos_studie_final. pdf

[94] "Elektromobilität". http://www. rwe. com/web/cms/de/315704/rwe/innovationen/

[95] 出处同上。

[96] "Elektromobilität wird sich durchsetzen". 2009.05.28.
http://www. oekonews. at/index. php? mdoc_id = 1040369

[97] "Elektromobilität". http://www. vda. de/de/arbeitsgebiete/elektromobilitaet/index. html

[98] Bundesministerium für Verkehr, Bau und Stadtentwicklung: "Modellregionen Elektromobilität".
http ://www. bmvbs. de/Verkehr-,1405. 1092406/Modellregionen-Elektromobilita. htm

[99] "Elektromobilitat wird sich durchsetzen". 2009.05.28.
http ://www. oekonews. at/index. php? mdoc_id = 1040369

[100] Bundesministerium für Umwelt, Naturschutz und Reaktorsicherheit: "Elektromobilität - Zielsetzungen

des Nationalen Entwicklungsplans". 2009.09.
http://www.bmu.de/verkehr/elektromobilitaet/nationaler_entwicklungsplan/doc/44797.php

[101] dpa"Kongress: 2.4 Millionen Elektroautos bis 2020 sind realistisch"., 2009.06.16. http://www.verivox.de/nachrichten/kongress-24-millionen-elektroautos-bis-2020-sind-realistisch-42197.aspx

[102] "Elektromobilitat wird sich durchsetzen". 2009.05.28.
http://www.oekonews.at/index.php? mdoc_id=1040369

[103] Bundesverband eMobilität e.V.: "Elektroautos im Alltag".
http://www.bem-ev.de/faq.php

[104] EUROFORUM: "Elektromobilität wird sich durchsetzen-nicht heute, aber morgen. Ergebnisse der 2. EUROFORUM-Konferenz 'Elektromobilität', Köln 2009.
http://www.euroforum.de/data/presse/1594.pdf

内 容 简 介

机器对机器(M2M)技术不仅是实现机器网络通信的手段和工具,也是物联网的基础。本书首先介绍了M2M技术相关的基本概念;其次考虑到M2M的市场是一个全新的市场,而重点分析了在M2M市场上取得成功所需要注意的商业模式;随后全面系统地介绍了全球范围内M2M技术在建筑、能源、交通、金融、贸易和物流等不同领域内的最新应用现状和发展前景。